U0190064

董氏国际海洋可持续发展研究中心

The Tung International Research Center for Sustainable Ocean Development

护海实策

第一辑

中国海洋大学出版社

·青岛·

图书在版编目（CIP）数据

护海实策. 第一辑 / 赵进平主编. —青岛：中国海洋大学出版社，2022.4
ISBN 978-7-5670-3128-9

Ⅰ.①护…　Ⅱ.①赵…　Ⅲ.①海洋环境—生态环境保护—中国—文集　Ⅳ.①X145-53

中国版本图书馆CIP数据核字（2022）第059462号

出版发行　中国海洋大学出版社
社　　址　青岛市香港东路23号　　邮政编码　266071
网　　址　http：//pub.ouc.edu.cn
出 版 人　杨立敏
责任编辑　邹伟真
电　　话　0532-85902533
电子信箱　zwz-qingdao@sina.com
印　　制　青岛海蓝印刷有限责任公司
版　　次　2022年4月第1版
印　　次　2022年4月第1次印刷
成品尺寸　185 mm × 260 mm
印　　张　6.75
字　　数　101千
印　　数　1-4000
审 图 号　GS鲁（2022）0008号
定　　价　70.00元
订购电话　0532-82032573（传真）

董氏国际海洋可持续发展研究中心

TIRC-SOD

The Tung International Research Center for Sustainable Ocean Development

第十三届全国政协副主席董建华先生心系国家海洋强国建设和人类海洋可持续发展，在董建华先生的鼎力支持下，香港董氏慈善基金会资助中国海洋大学成立董氏国际海洋可持续发展研究中心（简称董氏中心）。2021年3月22日中国海洋大学和香港董氏基金会举行线上捐赠签约仪式。董建华先生在致辞中表示，海洋保护对中国乃至世界的发展举足轻重，希望由香港董氏慈善基金会捐资支持中国海洋大学建设的董氏中心能够建设好、发展好，为世界做出应有的贡献。

中国海洋大学全力支持董氏中心的建设发展，并以此为关键载体，聚焦人类面临的海洋可持续发展中的社会问题，通过开展国际合作和多学科交叉融合发展，研究提出保护海洋和科学合理利用海洋的对策，服务海洋强国建设，打造具有重要国际影响力的研究机构和高端智库，彰显中国在全球海洋领域的责任担当，为国家富强和人类可持续发展贡献力量。

董氏中心将自身的使命定位为对策研究，对海洋可持续发展提供有重要应用价值的对策。董氏中心的科研成果将以研究报告的形式刊发在《护海实策》系列书籍上，报告选题将涵盖海洋生态、科技、经济、教育、文化、法律等与海洋可持续发展密切相关的多个领域。董氏中心致力于将《护海实策》打造成为海洋可持续发展领域的精品平台，为国家解决海洋可持续发展相关的重大社会问题建言献策，推动社会各界共同关心海洋、认识海洋、经略海洋，实现社会与海洋的和谐共生。

董氏中心由主任委员会运行。第一届主任委员会由主任委员赵进平、执行主任王汉林、副主任委员杜元伟、庄光超组成。董氏中心在2021年9月开始启动，目前已经进入运行阶段。

总序

海洋是生命的摇篮、人类的生存空间、资源的宝库，也是经济的命脉。在人类社会发展进程中，海洋承受着巨大的压力。目前，海洋环境恶化、生态系统退化、渔业资源枯竭、低氧区增大、海平面上升、海洋酸化等问题日渐严重。认识海洋，开发海洋、保护海洋、实现海洋的可持续发展，已成为事关人类福祉的大事。

海洋可持续发展存在的问题涉及范围广、涵盖领域多。有些问题早已存在但却长期找不到解决方案；有些问题“牵一发而动全身”，短期内难以解决；还有一些是随着社会进步而出现的新问题。相对而言，发现这些问题并不难，难在提出解决这些问题切实可行的对策。习近平总书记于2022年1月指出战略和策略辩证统一、紧密联系的问题，正确的战略需要正确的策略来落实。而这里，就是要通过深入研究，提出解决问题的具体策略，也就是实用对策。

我们的体会是，提出解决问题的对策并不是一个简单的事情，既要从国家战略高度看待社会问题，又要符合相关领域的实际需要。海洋可持续发展存在的问题涉及社会结构、管理体制、运行机制等方面，很多是系统性的问题。对策的提出涉及大量社会问题，例如，社会体制和管理机制的缺欠，与现有政策法规冲突，不同社会圈层关注点的差异，来自既得利益方的阻力，对民生的消极影响，短期利益和长期利益的关系，等等。

对策是否科学、合理、对症要由社会各界来评判，需要让决策部门和业内人士普遍赞同，达成广泛的社会共识，形成“上下同欲”的格局。解决可持续发展问题的过程是社会变革与进步的伟大实践，需要在科学、技术、管理、经济、社会各个层面上努力才能奏效，需要唤起科学家、技术专家、管理专家、政府领导、用户、企业各方面的关注。

真正优化的对策才能推动社会的进步。对策研究对研究者提出了更高的要求，既要高屋建瓴，看到社会问题的本质，又要脚踏实地，了解社会基层的实情。对策研究需要社会科学、自然科学、管理层的智慧和基层的经验高度融合。对策研究通常跨越多个社会圈层，要求研究人员突破自身的术业专攻，广泛了解社会链条的各个环节，成为名副其实的专家，才能提出符合实际的“实策”。

在董氏基金会的资助下，中国海洋大学牵头成立了董氏国际海洋可持续发展中心，董氏中心的定位是：支持社会各界研究力量，面向国内外海洋可持续发展领域的社会难点问题，依托自然科学和社会科学领域的研究成果，提出切实可行的具体解决对策，实现社会问题、科学依据、应对策略的有机统一。董氏中心邀请相关领域的学者和管理专家参与此类研究之中，为实现海洋可持续发展、助推海洋命运共同体建设做出应有的贡献。董氏中心将努力做到慎重选题、精密部署、深入研究、渐次推进。

董氏中心将以系列研究报告的形式不定期出版《护海实策》，面向全社会公开发行。由衷地希望《护海实策》能够汲取涉海各领域人才的真知灼见，成为国家智库、社科团队、科技团队之间的交流载体，促进政府、高等院校、科研院所、企事业单位以及社会各界达成共识，满足海洋可持续发展事业的需要。

董氏国际海洋可持续发展研究中心

2022 年 3 月 10 日

目录
CONTENTS

3 海洋环保的关键举措：建设国家海洋垃圾清运系统 / 47

报告编号：TP2201

1 海洋渔业可捕资源量市场化

——解决我国海洋渔业资源衰退问题的对策

卢　昆

中国海洋大学管理学院

海洋渔业资源衰退已经成为我国近海捕捞业发展的痼疾。为此，国家采取了大量措施来促进海洋渔业资源的恢复。虽然每年禁渔期的海洋渔业资源增量显著，然而一旦开渔，在很短时间内又被一扫而光，海洋重新回到渔业资源相对枯竭的状态。我们期待一个生机勃勃的海洋，那里渔业资源丰富、海洋水产品是人们的优质蛋白质来源。如何让梦想成为现实？这里提供了一个良策：海洋渔业可捕资源量市场化。希望通过方案的实施，海洋渔业资源可恢复至良性状态。

第一作者简介

卢昆，1979年生人，中国人民大学技术经济及管理专业博士，中国海洋大学水产学院水产学博士后、管理学院教授、博士生导师，英国朴茨茅斯大学（UP）蓝色治理中心（CBG）驻华代表兼研究员、访问学者，教育部人文社科重点研究基地海洋发展研究院研究员，研究方向为海洋经济与农业经济。目前，担任中国林牧渔业经济学会渔业经济专业委员会常务理事兼副秘书长、中国海洋学会海洋经济分会委员、国家级沿海渔港经济区建设专家库成员、山东省海洋经济专业委员会常务委员、山东省应用统计学会理事兼副秘书长等。

作为主要的海洋传统产业，海洋捕捞业在我国的历史发展进程中为社会提供了丰富的海洋水产品。新中国成立以后，我国政府组织了专业的渔业生产队伍，在不断增加水产品供给的同时，也有力地促进了渔民就业和渔户增收，对广大沿海地区渔村社会的稳定发展起到了重要的作用。然而，长期高强度、无限制的海洋捕捞作业也导致了我国海洋渔业资源的严重衰退。目前，作为中国“传统四大渔场”的舟山渔场、黄渤海渔场、南海渔场和北部湾渔场渔业资源都已大幅衰退。虽然国家已经采取包括伏季休渔制度在内的多项渔业管理制度和政策措施，使海洋渔业资源得到一定程度的恢复，渔获量也得到了较大增长。然而，过度捕捞的海洋渔业生产行为使得休渔期内实现的海洋渔业资源增量未能有效用于提升海洋渔业资源存量，海洋水产品产量远不能满足国内市场需求。这种局面一方面迫使渔民走向远洋捕捞作业，另一方面也促使国家大量进口水产品来供应国内水产品市场。

事实上，如果我国的海洋渔业资源恢复到良性状态，约300万平方千米管辖海域内的捕捞作业行为可以在相当大的程度上满足国民的水产品总量需求，能够有效规避远洋捕捞作业潜在的国际纠纷，还能够有效减少我国对优质海洋水产品国际市场的依赖。立足海洋渔业资源衰退的严峻现实，我国的海洋渔业资源未来如何才能恢复至良性状态，显然已成为当下我国渔业管理部门亟须回答的问题。鉴于此，本研究在考察我国海洋渔业资源总体状况的基础上，评价目前我国应对海洋渔业资源衰退的主要措施，系统提出海洋渔业可捕资源量市场化实施方案，寄望能够从根本上改变我国海洋渔业资源衰退的现实。

一　我国海洋渔业资源状况总体评价

海洋渔业资源量是一个针对特定时空而言的存量概念，受海洋渔业资源不同品种及其自身生长规律的影响，海洋渔业资源量呈现明显的季节性变化特征，不同季节、不同时点去考察都会得到差异化的结果。而且，其数量大小不仅取决于特定时空的海洋渔业资源保有量以及由其种群自我繁育能力所决定的资源衍生量，还受制于海洋捕捞渔获量和人工增加量①。显然，既定时空的海洋渔业资源总量等于海洋渔业资源保有量、资源衍生量、人工增加量三者之和减去海洋捕捞渔获量。由于海洋渔业资源独特的生长习性，加之目前广泛应用的拖网调查、声学调查等海洋渔业资源评估技术的局限性，迄今为止尚未出现能够精确量化海洋渔业资源的方法和工具，这就客观上决定了海洋渔业资源评估工作的复杂性和艰巨性。事实上，在评价海洋渔业资源状况时，除了直接科学取样进而采取传统的渔业资源评估方法，还可根据每年我国海洋捕捞产量水平间接考察我国海洋渔业资源的总体演变态势。

1. 我国海洋渔业资源的演变历程

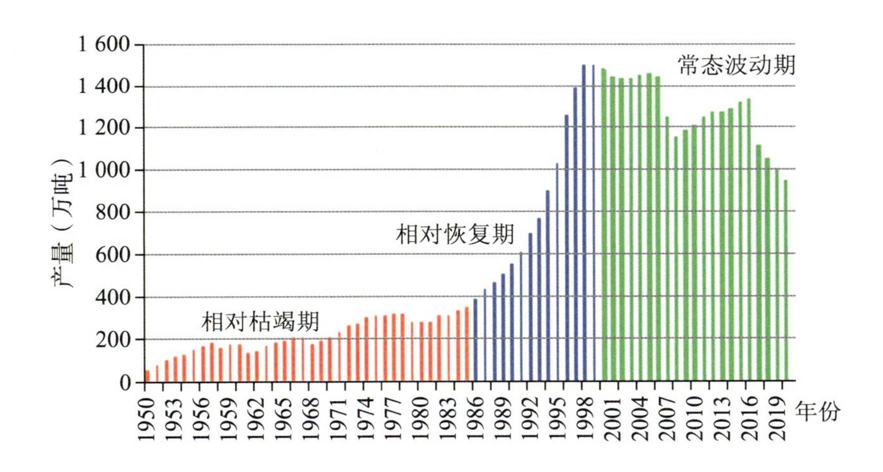

图 1　1950—2020 年中国近海捕捞产量与海洋渔业资源变化示意图②

① 本报告将海洋渔业资源保有量界定为上一个考察期捕捞作业结束后海洋中保留下来的渔业资源总量，将海洋渔业资源衍生量界定为考察期间海洋渔业资源生物性生长所引致的资源增量，将海洋捕捞渔获量界定为既定时空的海洋捕捞产量，将人工增加量界定为以增殖放流为代表的、通过政策干预引导海洋渔业资源输入性增长及其衍生所带来的资源增加总量。既定时空最大的海洋渔业可捕资源量等于资源衍生量与人工增加量之和。

② 1950—1978年的数据主要来自《1949—1985全国水产统计资料汇编》，1979—2020年的数据主要来自历年《中国渔业统计年鉴》。自1996年起，中国海洋捕捞产量统计标准发生变化，故本文按照1996年新旧标准转换系数1.11将1979—1995年的数据进行了统一处理。实际生产中，我国海洋捕捞业由近海捕捞业和远洋渔业两部分组成，现有的《中国渔业统计年鉴》中的“海洋捕捞产量”实质是近海捕捞产量，故为了行文方便，本报告将其界定为“近海捕捞产量”。

统计显示，新中国成立以来，我国的近海捕捞产量总体呈“先增后减”波动变化的态势（图1）。结合海洋捕捞业对海洋渔业资源的高度依赖性，可以将新中国成立以来我国海洋渔业资源的变化过程大致划分为以下三个阶段。

（1）海洋渔业资源相对枯竭期（1950—1985）

1950—1985年，我国海洋渔业资源总量决定的近海捕捞年产量未超过350万吨，最低产量是1950年的54.557 9万吨，最高产量是1985年的348.516 6万吨。该阶段最大的特点是近海捕捞量长期保持在一个低水平的均衡状态，海洋渔业资源大幅衰退；而且，相比于既有的捕捞生产力，海洋渔业资源处于一种相对枯竭的状态。统计显示，从1974年到1984年，舟山渔场的传统捕捞种类“四大家鱼（大黄鱼、小黄鱼、带鱼与墨鱼）”在其海洋捕捞总产量中的占比已下降40%左右[1]。也正是在这个时期，国内市场水产品出现“买鱼难”问题，相比于人民群众的正常消费需求，水产品供给明显不足。鉴于此，原国家水产总局启动了我国海洋渔业资源的养护与修复工作。先是在1980年发布了《关于集体拖网渔船伏季休渔和联合检查国营渔轮幼鱼比例的通知》，随后又在1981年发布了《东、黄海区水产资源保护的几项暂行规定》，确立在黄海区、东海区分别实施为期2个月、4个月的休渔制度。

（2）海洋渔业资源相对恢复期（1986—1999）

1986—1999年，国家在启动伏季休渔制度的基础上又陆续采取了一系列的制度和措施来加速海洋渔业资源的修复。1987年，海洋捕捞渔船“双控”制度拉开序幕。1995年，伏季休渔正式作为一项国家层面的海洋渔业资源管理制度被确立下来。此后，我国的休渔海域不断扩大，休渔期不断延长。1999年，原中华人民共和国农业部（以下简称原农业部）又首次提出海洋捕捞产量“零增长”的指导性发展目标。在这些政策措施的推动下，我国近海捕捞量在这个时期不仅实现了快速增长，而且捕捞能级也实现了历史性跨越——不仅在1995年突破了1 000万吨，而且在1999年达到了历史最高产量1 497.622 3万吨，近海捕捞作业已达到1 500万吨级的产出水平。

虽然该阶段我国近海捕捞量总体增长的态势让人欣喜，但与之伴随的海洋渔业资源快速衰退也是不争的事实，沿海诸多传统渔场捕捞品种的减少甚至灭绝即为明证。1982年，黄渤海渔业生物共计68种，1992年开始出现大规模下降现象，其中，真鲷、绿鳍鱼和牙鲆几近灭绝；到了1998年，该海域渔业生物只剩下44种，真鲷和绿鳍马面鲀完全灭绝，而鳓鱼、黄盖鲽鱼和梅童鱼也濒临灭绝[1]。

（3）海洋渔业资源常态波动期（2000 年至今）

为了进一步降低我国的海洋捕捞强度，2000年完成修正的《中华人民共和国渔业法》在新增的第22条款中首次正式提出了“实行捕捞限额制度”。2002年，国家出台了《渔业船舶报废暂行规定》。2003年，《海洋捕捞渔民转产转业专项资金使用管理规定》颁布实施，积极引导广大沿海渔民转产转业。2006年，国务院颁发《中国水生生物资源养护行动纲要》，增殖放流工作由此步入发展的快车道，有力地促进了我国海洋渔业资源的恢复性增长。2017年，原农业部在其印发的《进一步加强渔船管控实施海洋渔业资源总量管理的通知》中，首次明确提出组织实施海洋渔业资源总量管理制度，对年捕捞产量实行限额管理。在这些政策的推动下，我国近海捕捞量从2000年以来虽有下降，但依然保持在千万吨以上的高位产出水平（图1），仅有2020年的产量低于1 000万吨，已降至947.410 4万吨。

特别需要说明的是，虽然本阶段日常生活中映入人们眼帘的普遍是水产品总体保障依然充足的现实场景，似乎并不让人担心水产品足量供给的问题，但另一方面，不能回避的事实是每年伏季休渔期结束后，只有一个时间很短的有效海洋捕捞作业期，使得海洋渔业可捕资源量在短时间内骤减趋零。而且，由于现有海洋捕捞强度过大，导致有效捕捞作业期越来越短，低效捕捞作业期越来越长。一旦有效捕捞作业期结束，海洋又重新回到近乎“无鱼可捕”的困境。此后，在新一轮增殖放流、转产转业、伏季休渔等既有政策措施的推动下，又掀起了下一个年度海洋捕捞生产的序幕。如此海洋捕捞场景循环更替，已成为现阶段我国海洋渔业资源年度总量变化的新常态（图2）。

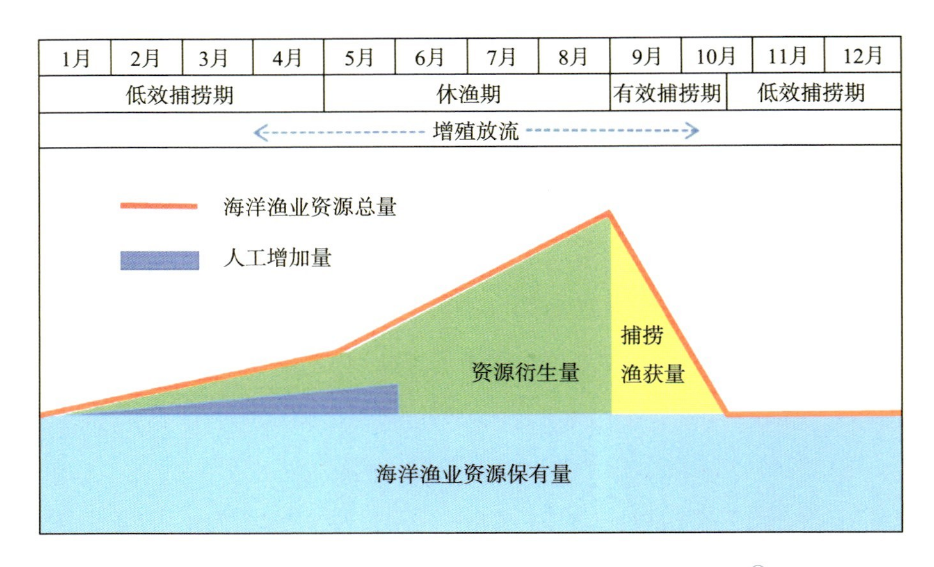

图 2　现阶段我国海洋渔业资源量年度周期变化示意图①

2. 我国海洋渔业过度捕捞问题

现阶段，虽然每年休渔期内我国的海洋渔业资源增加明显，然而一旦开渔，在很短时间内又被一扫而光，海洋重新回到渔业资源相对枯竭的状态，海洋渔业资源的这种年度周期性变化特征已经常态化。究其原因，海洋渔业的过度捕捞是不可回避的首要话题。实际上，早在2005年初，原国家海洋局第三海洋研究所周遒麟研究员就曾指出，如果将东海已有的渔船都动员起来进行捕捞，那么仅需两周就可以将整个东海海域的渔业资源捕捞一空[2]。整体来看，过度捕捞早就是我国海洋捕捞业的重点问题，而导致这个问题的原因是多方面的，具体来讲主要有以下五个方面。

（1）捕捞能力严重过剩

现阶段，我国的海洋捕捞渔船总量庞大，已远远超过海洋渔业可捕资源量。统计显示，2007年的我国渔船总量已经达到20.6万艘，经过管理部门多年的艰辛努力，2020年已减至13.4万艘。即便如此，我国现有海洋渔船保

① 在图2中，外侧的红色轮廓线代表海洋渔业资源年度总量变化的边界；联系当前海洋捕捞作业和管理实际，将一年四季划分为低效捕捞期、休渔期和有效捕捞期（目前始于伏季休渔结束后的9月1日，其时间长短取决于休渔结束后的海洋渔业可捕资源量的多少和海洋捕捞强度的大小），以增殖放流为代表的政策干预工作目前主要集中于每年的上半年（3月至6月），目前每年6月6日已成为国家法定“放鱼日”。

有量仍然远超海洋渔业资源可捕量对应的实际需求量。这些超量供给的海洋捕捞渔船在休渔期结束后全部投入捕捞作业，必然造成海洋渔业资源量在短时间内急剧减少。

（2）生计渔业现实之需

长期以来，沿海地区积极发展海洋捕捞业，在促进本地渔业经济增长、渔村社会稳定的同时，也为广大渔户提供了就业机会，对于维系渔户家庭生存之需起到了基本的保障作用。从社会的视角来看，基于海洋捕捞业的生存保障性功能，中央及地方行业管理部门在海洋渔业政策制定和实施中优先考虑捕捞渔户的利益，对普遍存在的增船扩员、快速上马高性能捕捞渔船等监管并未完全到位，进一步加剧了海洋捕捞能力的超量供给。最终，基于家庭生计的需要，购置先进海洋捕捞渔船的渔户必然选择扩大生产以尽快收回前期投入，这在海洋渔业资源总体衰退的大背景下势必会进一步加剧我国海洋渔业资源的萎缩态势。

（3）惠民政策消极影响

面对海洋渔业资源衰退的发展事实，为了保障广大渔民的生活水平，我国各级政府管理部门积极采取了多项针对性措施。其中，为了缓解燃油价格上涨所带来的渔业生产压力、保障渔民基本的生产生活需求，中央政府自2006年起出台并实施了渔业燃油补贴政策。统计显示，2006—2014年，中央财政累计安排渔业油价补贴资金1 484亿元[3]。该项政策在一定程度上降低了渔民的生产成本，保障了渔民利益，促进了渔民对渔业管理制度的遵守。但不可忽视的是，该项政策也刺激了广大渔民捕捞作业的积极性，对海洋渔业资源也造成了一定程度的负面影响。实践中，渔民为了获取燃油补贴，倾向选择保有或增加更多的渔船，明显与国家现行的海洋渔业管理制度和政策（如海洋捕捞渔船“双控”制度、转产转业政策）相互冲突。所以，虽然燃油补贴政策实施后，我国的海洋捕捞产量出现了让人惊喜的“九年美景（2008—2016）”，但不可否认的是这些捕捞成绩实质上是我国过剩的海洋捕捞强度持续作业的结果，这势必进一步降低我国海洋渔业资源的保有量，无疑会对我国海洋渔业资源的衍生量产生不利影响。

（4）非法捕捞事件频发

非法海洋捕捞作业行为不仅包括在国家明令禁渔的休渔区进行海捕作业，也包括使用不符合国家规定的渔网渔具进行捕捞生产。受巨大经济利益的吸引，沿海地区海洋渔船的非法捕捞作业行为屡禁不止，严重损害了我国海洋渔业资源的种群衍续能力，也加剧了我国海洋渔业资源的衰退态势。据不完全统计，在农业农村部开展的“中国渔政亮剑2021”系列专项执法行动中，各地累计查处渔业违法违规案件3.79万件，查获违法违规人员4.24万名，清理取缔“涉渔三无船舶”2.49万艘、“绝户网”103.82万张[4]。另外，在海洋捕捞生产中，基于经济收益的考虑，拖网作业对细密网具的普遍选择通常导致大量的幼小海洋水产苗种被围捕或误捕。捕获的幼鱼只能制成鱼粉或用作饵料，严重破坏了海水鱼类的增殖能力，最终造成巨大的海洋渔业资源损耗。而且，在实施底拖网作业的海域，大面积的海底渔业资源栖息环境会被破坏，导致“海底荒漠化”现象普遍存在，严重削弱了我国海洋渔业资源的衍续更生能力。

（5）跨区作业管控不足

我国现行的《渔业捕捞许可管理规定》第20条明确规定，“在我国管辖水域从事渔业捕捞活动应按照相关规定进行作业，无特殊情况不得跨海区界限和跨省、自治区、直辖市管辖水域界限作业”。然而从实践来看，受经济利益的驱动，我国海洋捕捞渔船跨区作业现象仍然存在。统计显示，2020年辽宁省在东海海域获得了1907吨的捕捞产量，江苏省同年在渤海海域也有354吨的捕捞产量[5]。显然，此类跨区海洋捕捞作业行为势必损害本已衰退的渔业资源衍生能力，势必进一步加剧既定海域渔业资源的衰退趋势。

3. 导致我国海洋渔业资源衰退的症结所在

本质而言，海洋渔业资源衰退是针对特定作业海域渔业可捕资源量而言的，而相对于气候变化、海洋污染对海洋渔业资源造成的消极影响，在所有影响海洋渔业可捕资源量的关键因素中，渔业资源种类的多少和种群的大小才是真正决定海域渔业可捕资源量的首要因素。21世纪以来，尽管国家采取一系列政策措施有效提升了海洋渔业资源的总量水平，但我国海洋渔业资源总体衰退的态势并未得到根本扭转。表面上看，海洋渔业的过度捕捞是造成这一局面的主要原因，但实际上海洋渔业资源保有量低下才是这个问题的症结所在。

虽然现有的水产资源评估技术尚无法测度我国海洋渔业资源保有量的准确数字，但是这并不妨碍我们对其数量的客观判断。目前，全年大多数开渔月份我国沿海作业海域处于无鱼可捕的窘境、捕捞渔船长时间处于滞港停产状态均在一定程度上表明我国海洋渔业资源保有量已经多年维持在一个很低的水平。而且，当前我国海洋渔业资源保有量低下不仅仅体现在数量上，还体现在结构方面。2011年，国家海洋局曾公开声称，“渤海湾作为渔场的功能已经丧失”。到了2015年，舟山渔场传统“四大家鱼”的捕捞产量占比已不足1%，只有带鱼还能形成渔汛，但实际产量也在逐年下降，至于其他捕捞鱼类（如绿鳍马面鲀、鳓鱼、鳐类等）均处于濒临绝迹的状态[1]。

根据海洋水产生物的繁衍规律，海洋渔业资源保有量低下自然导致海洋渔业资源衍生量较小；如果海洋渔业资源保有量每年能有一定程度的增长，相应的海洋渔业资源衍生量显然就会有所增大。虽然目前我国的海洋捕捞渔获量依然维持在千万吨级的产出水平，但这只是现有海洋渔业资源保有量和人工增加量综合作用的衍生结果。如果海洋渔业资源保有量有很大的增长，每年的海洋渔业资源衍生量会比现在大得多。换言之，目前我国海洋渔业资源衍生量就受保有量低下的影响远低于其本应达到的正常水平。

迄今为止，国家为了提高海洋渔业资源的衍生量已采取很多措施，其中比较有代表性的就有伏季休渔制度和增殖放流制度。然而，受限于社会各方对海洋渔业资源保有量缺乏明确的认识，国家目前尚未推出系统提升海洋渔业资源保有量的政策措施。虽然国家已经制定对提升海洋渔业资源保有量有益的限额捕捞制度，但其目前仍处在试点推广阶段，效果尚不明显。如果我国的海洋资源保有量维持不变，即使目前能将我国的海洋渔业资源衍生量大幅提高，实践中也最多能使每年的海洋有效捕捞期延长一段时间。展望未来，除了进一步优化我国海洋渔业资源管理的现行措施，如何有效促进并保持我国海洋渔业资源保有量的稳定增长，才是从根本上解决我国海洋渔业资源衰退问题的关键所在。

二 当前解决我国海洋渔业资源衰退问题的主要措施

1. 伏季休渔制度

为了推进我国海洋渔业资源的养护与修复，原国家水产总局先后于1980年和1981年发布了《关于集体拖网渔船伏季休渔和联合检查国营渔轮幼鱼比例的通知》和《东、黄海区水产资源保护的几项暂行规定》，确立了在黄海区、东海区分别实施为期2个月、4个月的休渔制度。1995年，经国务院同意，原农业部下发了《关于修改〈东、黄、渤海主要渔场渔汛生产安排和管理的规定〉的通知》，伏季休渔正式作为一项国家制度被确立下来。1998年，原农业部在总结伏季休渔3年经验的基础上，不仅扩大了东海区的休渔范围，而且休渔时间延长为3个月（每年6月16日至9月15日）。1999年，南海海域也开始实施伏季休渔制度。2000年，原农业部对东海海域的休渔时间做了调整，而且进一步扩大了休渔的作业类型——调整为“除刺网、钓业外的其他所有作业类型”。2002年、2009年和2017年，原农业部对伏季休渔制度又多次进行了调整，增加了休渔的种类，延长了休渔的时间——所有海区的休渔开始时间目前已统一为每年的5月1日12时。

整体来看，我国的伏季休渔制度在实施过程中不断调整，休渔海域持续扩大、休渔时间不断延长、休渔作业类型逐渐增加。从实际效果来看，该项制度的实施有效限制了海洋捕捞作业的时空因素，使得我国海洋渔业资源得以自我修复，提升了海洋捕捞渔获量和经济效益。此外，休渔期不仅有效保护了海洋渔业资源的多样性，而且有效改善了我国部分海域渔业资源的群落结构[6]。未来该项制度还应长期存在，但是实践中需要加强伏季休渔期间的行政执法力度，以此确保我国伏季休渔制度的持续高效运行。

2. 海洋捕捞渔船“双控”制度

历史地来看，我国海洋捕捞渔船“双控”制度的实施起源于1987年初在局部海域开始实施的“控制渔场总马力数”的“单控”政策[7]。同年4月1日，国务院批转原农牧渔业部《关于近海捕捞机动渔船控制指标的意见》，首次提出由国家确定全国海洋捕捞渔船数量和主机功率总量，然后经各省（自治区、直辖市）最终分解下达到各县（区、市）贯彻执行；同时，明确要求各地海洋捕捞渔船总数及总马力严格控制在下达的指标范围内，海洋捕捞渔船“双控”制度自此拉开序幕。此后，原农业部分别于1992、1996年和2003年经国务院批准下达了“八五”“九五”和“2003—2010”期间海洋捕捞强度控制的目标任务。2011年，《农业部关于“十二五”期间进一步加强渔船管理控制海洋捕捞强度的通知》提出“十二五”期间继续实施“双控”制度。2013年，国务院发布的《国务院关于促进海洋渔业持续健康发展的若干意见》再次强调要严格控制并逐步减轻海洋捕捞强度。2016年，《全国渔业发展第十三个五年规划》进一步提出国内海洋捕捞能力要在现有基础上降低15%，即全国海洋捕捞机动渔船数量、功率到2020年分别压减2万艘、150万千瓦。2017年1月，原农业部渔业渔政管理局发布的《农业部关于进一步加强国内渔船管控实施海洋渔业资源总量管理的通知》进一步提出，通过“双控”逐步实现海洋捕捞强度与资源可捕量相适应。经过多年的管控，我国近海捕捞机动渔船总量自2007年以来整体呈逐年下降态势，已从2007年的20.618 4万艘减至2020年的13.407 9万艘，下降幅度高达34.97%。然而值得注意的是，同期的我国近海捕捞渔船总功率仅从2007年的1 175.136 7万千瓦减至2020年的1 055.871 1万千瓦，下降幅度仅约10.15%[①]。可以理解，海洋捕捞渔船管控工作涉及方方面面的利益，实际落实起来困难重重，这也是导致我国海洋捕捞强度长期居高不下的根本原因所在。未来，如何妥善做好削减渔船的人员就业安置、船只马力指标的流转和补偿工作最终决定着该项制度的成功与失败。

① 1979至2002年的《中国渔业统计年鉴》仅给出海洋机动渔船或海洋生产渔船统计数据，未对海洋捕捞机动渔船进行明确划分。自2003年以来，《中国渔业统计年鉴》统计了我国海洋捕捞机动渔船的相关数据，但是仅从2007年起，《中国渔业统计年鉴》进一步细分了“国内海洋捕捞机动渔船”和“远洋渔船”两部分统计数据。鉴于此，本报告选取了2007—2020年的相关数据进行海洋捕捞渔船“双控”制度分析。

3. 转产转业制度

1982年4月，第三次联合国海洋法会议表决通过了《联合国海洋法公约》，确立了200海里专属经济区制度，大部分原来属于各国共有的海洋渔业资源由此开始变成了各个沿海国家主权支配和管辖的海洋渔业资源。在此背景下，随着2000年中日、中韩渔业协定以及2001年中越渔业协定的签署，我国沿海渔民的传统作业海域大幅减少。针对于此，我国渔业主管部门在2001年开始制定并实施了沿海捕捞渔民的转产转业政策，设立了渔民转产转业专项资金，资助部分捕捞渔民上岸转产转业。2002年，为了更好地指导和支持沿海各省做好捕捞渔民的转产转业工作，《渔业船舶报废暂行规定》和《海洋捕捞渔民转产转业专项资金使用管理暂行规定》先后出台。2002年8月，原农业部、财政部和原国家计委在广东湛江联合召开了“沿海捕捞渔民转产转业工作会议”，标志着我国捕捞渔民转产转业工作的全面展开。

统计显示，从2000年到2004年，中央财政每年安排2.7亿元用于实施渔船报废和转产转业项目补助，同时增加了3 000万元的专属经济区渔政执法经费，有力地促进了我国沿海地区渔民转产转业工作的深化发展。而且，在整个“十五”期间（2001—2005），中央财政共安排渔民减船转产补助资金9.9亿元，累计报废渔船大约1.4万艘，转产捕捞渔民大约8万人[8]。然而从2006年起，渔民转产转业工作受国家燃油补贴政策实施的影响陷入了缓慢发展阶段。2015年之后，各级政府对转产转业工作的重视程度增大，仅2021年助力渔民转产转业的各级财政资金就高达260.12亿元[9]。综合而言，转产转业制度的确立以及一系列跟进政策的实施遏制了我国严重过剩的海洋捕捞能力，有效降低了海洋捕捞强度，使得我国近海渔业资源得到一定程度的休养。然而由于该项政策的实施牵涉到具体的渔船和渔民问题，在陆地就业资源原本有限、政府引导配套措施不足的现实背景下，该项制度截至目前尚未充分发挥其应有的历史作用。

4. 限额捕捞制度

本质而言，限额捕捞制度属于控制产出的制度，旨在通过限制捕捞产量来保障我国海洋渔业资源的永续利用。“限额捕捞”最早出现在1986年1月出台的《中华人民共和国渔业法》第21条第1款。2000年10月，完成修正的《中华人民共和国渔业法》在新增的第22条款中首次正式提出了“实行捕捞限额制度”。2002年的《渔业捕捞许可管理规定》、2003年的《全国海洋经济发展规划纲要》、2006年的《中国水生生物资源养护行动纲要》、2013年的《关于促进海洋渔业持续健康发展的若干意见》等多个文件反复强调要实施捕捞限额制度。客观地讲，该项制度促使我国初步形成了投入控制、产出控制、技术措施、经济措施多角度相结合的渔业管理基本制度体系，既合乎我国渔业管理的现实需求，也顺应了国际渔业的管理趋势[10]。然而，由于我国基础条件的限制，“捕捞限额制度”在其正式提出后的十多年里一直未能真正付诸实施[11]。

2017年1月，原农业部在其印发的《进一步加强渔船管控实施海洋渔业资源总量管理的通知》中，选择浙江省的三疣梭子蟹和山东省的海蜇探索开展分品种限额捕捞。2018年7月，农业农村部又将试点地区和目标鱼种扩大到了福建省的梭子蟹、辽宁省的对虾以及广东省的白贝。2019年，进一步将试点地区和目标鱼种扩大到了河北省的海蜇和浙江省的丁香鱼。2019年5月，农业农村部在总结捕捞限额试点工作经验的基础上，要求所有海洋伏季休渔期间的专项捕捞许可渔业均实行捕捞限额管理，并在2020年农业农村部一号文件中进一步强调推动沿海省份全面开展限额捕捞试点工作。

综合来看，我国的限额捕捞制度尚处在试点推广阶段。目前，我国仍缺乏针对具体海洋水产品种、特定海域渔业资源的连续监测和评估数据库，导致限额捕捞制度实施中的额度缺乏科学的量化裁定。同时，我国目前随船观察员制度建设滞后，对海洋捕捞渔获量难以监督到位。未来，真正要发挥捕捞限额制度固有的资源养护作用显然还需要建立并完善一系列的保障制度。

5. 海洋渔业资源总量管理制度

2000年修订的《中华人民共和国渔业法》提出，要根据捕捞量低于渔业资源增长量的原则确定渔业资源的总可捕捞量，但在管理实践中一直没有量化的政策目标[12]。直至2016年12月，原农业部发布的《全国渔业发展第十三个五年规划（2016—2020）》才明确提出，到2020年全国海洋捕捞总量要控制在1000万吨，并与各沿海区海洋渔业部门签订了“渔船管理‘双控’海洋渔业资源总量管理责任书”。2017年1月，经国务院同意，原农业部印发的《农业部关于进一步加强国内渔船管控实施海洋渔业资源总量管理的通知》首次明确提出组织实施海洋渔业资源总量管理制度，对年捕捞产量实行限额管理。该项制度是海洋渔业资源管理的一项综合性举措，是我国海洋渔业资源管理的重大创新。不过，目前我国海洋渔业资源总量制度按照各省份历史捕捞量数据进行捕捞指标分配的方法科学性和合理性明显不足，分配的捕捞指标与实际海洋渔业资源可捕量并不完全匹配。而且，该项制度主要通过行政手段来管理与调控渔业资源，并未充分发挥市场的积极作用。

6. 增殖放流制度

增殖放流制度是我国最早开始实施的一项渔业资源养护制度。新中国成立初期，为了提高水产品产量，1950年召开的第一届全国渔业会议确定了渔业生产工作“先恢复、后发展”和“集中领导、分散经营”的指导方针，后续开展了以“青、草、鲢、鳙”四大家鱼为主的淡水水生生物的增殖放流活动。1979年，《水产资源繁殖保护条例》付诸实施。2003年，原农业部发布了《关于加强渔业资源增殖放流活动工作的通知》，提出要进一步倡导和规范渔业资源的增殖放流行为。2004年，原农业部颁布《渤海生物资源养护规定》，明确鼓励支持人工增殖放流，并对放流品种及水域做出了具体规定。2006年，国务院颁发《中国水生生物资源养护行动纲要》，将增殖放流作为养护水生生物资源的一项重要措施。2007年，原农业部制定了《渔业资源增殖放流管理规定》，进一步推进了全国渔业资源的增殖放流工作。2008年，党的十七届三中全会明确指出要“加强水生生物资源养护，加大增殖放流力度”。2009年4月，《水生生物增殖放流管理规定》正式出台，进一步规范了我国水生生物增殖放流活动的各项工作。2010年，《全国水生生物增殖放流总体规划》完成编制并予发布，具体就增殖放流的指导思想、目标任务、适宜物种及水域、区域布局等提出了细分要求，成为全国开展和组织增殖放流活动的指导性规划。2013年，《国务院关于促进海洋渔业持续健康发展的若干意见》提出“加大渔业资源增殖放流力度”，增殖渔业正式成为我国现代渔业的五大体系之一。2015年，我国正式将6月6日定为全国“放鱼日”。2016年，我国增殖放流海水生物已达52种。2022年1月，农业农村部印发了《“十四五”水生生物增殖放流工作的指导意见》，提出了到2025年增殖放流水生生物数量保持在1 500亿尾左右的工作目标。

截至目前，我国四大海域均已开展大规模的增殖放流活动，我国业已成为全球增殖放流资金投入最多、放流规模最大、放流效果较为显著的国家。综合来看，相比于其他渔业资源治理措施，增殖放流能够在较短时间内有效增殖水生生物资源，提高渔业生产能力。然而，由于我国目前对增殖放流实施前后渔业资源变化的科学评估工作不足，加之相关数据库建设滞后，导致目前还无法准确判定其对我国近海渔业资源修复的实际效果[13]。而且，当前我国增殖放流工作的“政府主导特征”显著，社会的支持参与度亟待提升，所以在提高增殖放流工作科学化、规范化水平的同时，如何提高增殖放流工作的社会化水平是未来我国这项最早开展的渔业资源养护制度高效运行面临的重大现实问题。

三 海洋渔业可捕资源量市场化方案

新中国成立以来，我国历届政府都高度重视海洋渔业资源衰退问题。从持续的专项政策制定、实施和调整，到大量的财政资金引导和支持，中央和地方各级管理部门多年来已做了大量务实的工作，在海洋渔业资源增殖方面也取得了良好的效果。然而，到目前为止，巨量的人力、物力和财力投入并未从根本上扭转我国海洋渔业资源总体衰退的发展态势。

着眼于未来我国海洋渔业资源的永续利用和高质量发展，除了进一步调整和完善现有的海洋渔业资源管理制度和政策措施，尽快从战略决策层面采取提高我国海洋渔业资源保有量的有效措施，进而保证稳步提高我国海洋渔业资源的可捕量和渔获量，才有望从根本上破解我国海洋渔业资源衰退的难题。

1. 海洋渔业资源恢复的未来愿景

图2客观揭示了在现行的管理制度和政策措施下，我国海洋渔业每年的资源保有量、资源衍生量、人工增加量、捕捞渔获量与海洋渔业资源总量之间的动态关系。现阶段，由于历史的和现实的多方面原因，与我国过剩的海洋捕捞强度相比，我国的海洋渔业资源保有量和年度增加量（等于资源衍生量与人工增加量之和）均保持在一个相对较低的水平。放眼未来，如果能够采取妥善措施大幅提升我国海洋渔业的资源保有量，进而带动海洋渔业资源增量的同步增大，就能够推动我国海洋渔业资源尽快进入良性恢复的稳定发展期[①]。需要注意的一个重要环节就是每年都要设定一个低于海洋渔业资源年度增量的可捕资源量。如果年度可捕资源量低于海洋渔业资源年度增量，考察年份的海洋渔业资源保有量则将在既有存量的基础上增至更高的水平；在其他条件不变的条件下，总量增大的海洋渔业资源保有量在下一年度必然会衍生出更大的海洋渔业资源增量。如此循环往复，在经历一个阶段的资源恢复期之后，海洋渔业资源就会因为资源保有量的持续增大而稳步恢复，期间也会带动捕捞渔获量的逐渐增加，并最终在更高的水平上实现海洋渔业资源可捕量和捕捞渔获量的动态平衡，届时也可彻底解决我国海洋渔业资源衰退的问题，这就是我们对未来海洋渔业资源良性恢复所期待的愿景（图3）。

---

① 其中，恢复期的前半段由于海洋渔业资源年度增量小，资源保有量增加缓慢；此后，若能严格控制捕捞渔获量低于海洋渔业可捕资源量，海洋渔业资源的保有量将会快速增加；待到恢复期的后半段，受海洋初级生产力总量限制，海洋渔业资源保有量的增速逐渐放缓并最终达到高位平衡。

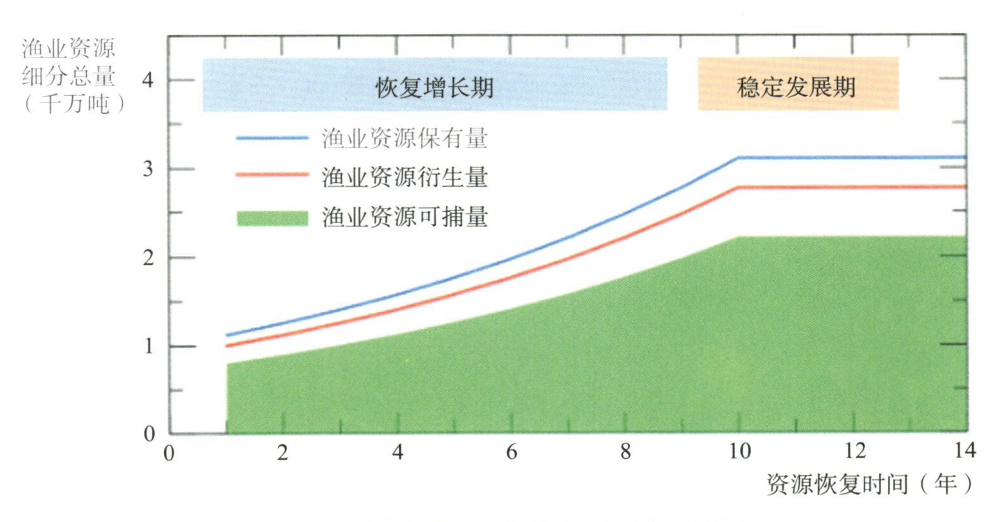

图 3　未来我国海洋渔业资源良性恢复的目标愿景

为了便于理解上述过程，不考虑海洋渔业资源的类别差异和人工增加量，我们在此用一个简单的公式来表达海洋渔业资源保有量和衍生量之间的关系。假设现在的海洋渔业资源保有量为T_0，海洋渔业资源的年度增长率为α，则每年的海洋渔业资源衍生量为αT_0。设海洋渔业资源衍生量的一部分$\beta\alpha T_0$用于保有量的增加，海洋渔业资源衍生量的另一部分（$1-\beta$）αT_0即为海洋渔业可捕资源量。根据上述假设条件，随着时间的年度变化，第n年的各个量显然可以通过以下三式计算得到。

资源保有量：$(1+\alpha\beta)^n T_0$

资源衍生量：$\alpha(1+\alpha\beta)^{n-1} T_0$

可捕资源量：$\alpha(1-\beta)(1+\alpha\beta)^{n-1} T_0$

如果按照海洋渔业资源保有量增加到现在的3倍来估计，设海洋渔业资源年度增长率为60%、每年保留20%的衍生量来增加海洋渔业资源保有量，所需的时间大约为10年（图3）。

在这个时期，海洋渔业资源可捕量增至现状的3倍。换句话说，如果能够大幅提升我国海洋渔业资源的保有量，即便不考虑海洋渔业人工增加量，只用10年的时间就可以使海洋渔业资源可捕量增至现在的3倍左右。当然，海洋渔业资源增长率α并不确切知道，我国近海最大可能渔业资源量也没有准确估计，需要通过科学研究才能最后确定。总的来讲，虽然选用不同的参数会使所需的时间提前或滞后，但不会从根本上改变海洋渔业资源保有量与衍生量的联动发展关系。当然，如果当下直接采用禁渔1～2年的极端方案，我国海洋渔业资源保有量的恢复会更快地实现。

2. 海洋渔业可捕资源量市场化方案的提出

现行的海洋渔业资源管理制度更多地侧重提高海洋渔业资源增量和控制渔获量两个维度。前者对应的措施主要包括伏季休渔制度和增殖放流制度，实践效果是显著的；后者对应的措施主要包括海洋捕捞渔船“双控”制度、转产转业制度、限额捕捞制度和海洋渔业资源总量控制制度。由于受到捕捞渔民生计和相关配套条件不足的影响，这四项管理制度实施起来困难重重。

我们认为，只有在提升海洋渔业资源保有量（简称提升保有量）方面采取必要的战略措施，才能最终从根本上解决我国海洋渔业资源衰退问题。如上所述，提升保有量需要将海洋渔业资源增加量的一部分保留下来用于增加保有量，其余部分才可以作为海洋渔业可捕资源量。从操作层面来看，应该尽快落实按照海洋渔业可捕资源量进行捕捞的原则，全面实施海洋渔业可捕资源量市场化方案，以此来解决长期困扰我国海洋捕捞业高质量发展的过度捕捞问题。

海洋渔业可捕资源量市场化是一项系统工程，具体是指在科学评估并确定海洋渔业可捕资源总量的前提下，由国家统一、分类确定海洋渔业年度可捕配额，进而将可捕配额公平地向每个海洋捕捞专业从业人员分配。取得捕捞配额的渔民须按配额开展捕捞作业，并接受属地海洋渔政管理系统的全程监管。如果取得配额的渔民认为配额带来的渔获量不足以满足生存需要，也可以选择将捕捞配额转让，获得资金支持自己转产转业。相应地，水产经营企业或个人可以通过收购他人的捕捞配额来扩大自身捕捞作业规模。而且，海洋捕捞配额分配按照年度进行，海洋捕捞从业人员每年都可以转让自己的捕捞配额，持续获取相应的经济收益。随着海洋渔业可捕资源量的增加，海洋捕捞从业人员分到的配额也会逐年增加。由于水产企业的海洋捕捞配额需要从市场上有偿获取，海洋水产品价格也会发生相应的调整且更趋合理，海洋水产品价格先升后降的局面相应地也会逐渐变成现实。

需要说明的是，海洋渔业可捕资源量市场化不同于现行的海洋渔业资源总量管理制度，二者在目标设计上有很大的不同。海洋渔业资源总量管理制度的目标主要通过限制海洋渔业资源的捕捞渔获量，来减轻过度捕捞造成的海洋渔业资源衰退问题；而海洋渔业可捕资源量市场化旨在通过海洋渔业可捕资源的配额流转，倒逼海洋捕捞渔船退出机制和海洋捕捞渔民自主转产转业机制的形成，进而达到提升保有量和增大可捕资源量的终极目的。

事实上，海洋渔业可捕资源量市场化与20世纪80年代的“包产到户”政策类似——农民获得土地，渔民获得海洋可捕资源量；农民可以有偿出让土地经营权，渔民同样可以有偿出让获得的海洋可捕资源配额；农业企业可以通过收购土地经营权促进规模农业的集约化经营，水产企业同样可以通过收购海洋捕捞专业从业人员自身的捕捞配额来实现规模化捕捞作业。相比于包产到户，海洋渔业可捕资源量市场化还有自身的独特效用。具体来讲，一方面，按照现有的海洋渔业可捕资源量与海洋捕捞专业从业人数估计，刚开始每人获得的海洋捕捞配额显然无法满足绝大部分个人的日常生存需要，海洋捕捞配额转让进而集中是必然现象，最终会有少部分海洋捕捞实体通过购买海洋捕捞配额实行规模化捕捞作业，而绝大部分海洋捕捞专业从业人员倾向选择出让捕捞配额而转产转业。如此，随着海洋渔业可捕资源量市场化方案的实施，以往推进捕捞渔民转产转业工作需要政府提供资金的巨大压力将会因为海洋捕捞渔民出让捕捞配额从市场获取部分经济收益而在一定程度上有所缓解，政府转产转业的财政负担将会明显减轻。另一方面，海洋捕捞配额不足会使过剩的海洋捕捞渔船成为沉重的经济负担，由此海洋捕捞渔民就有了减少渔船的动力，倒逼海洋捕捞渔船退出机制的形成。同样，此举也可以减少政府为海洋捕捞渔船退出提供的资金总量，从而达到减轻政府财政负担的目的，而且海洋捕捞渔船减少的同时也会促进我国保留下来的海洋捕捞渔船进行升级改造，最终随着先进海洋捕捞渔船占比越来越高，我国海洋捕捞渔船的整体性能水平也会得到很大程度的改善。

总的来看，海洋渔业可捕资源量市场化体现了制度的公平性。一旦实施，海洋渔业资源的无偿使用将成为历史，有偿使用海洋渔业资源将成为新常态。该方案有效兼顾了海洋捕捞渔业资源的公平分配和海洋捕捞渔户的生计之需，能够促进现有海洋渔业可捕资源供给水平与海洋捕捞专业从业者生计需要的良性互动。而且，由于海洋捕捞配额的有效流转，转产转业工作的推进将会更有成效，持续提升保有量的目标也会最终实现，海洋渔业资源衰退问题也就有望得到科学的解决。

3. 海洋渔业可捕资源量市场化的推进机制

虽然海洋渔业可捕资源量市场化的内涵容易理解，但因其涉及社会生活的多个方面，目前实施起来仍然面临着很大的挑战，系统构建“海洋可捕资源评估机制+海洋捕捞配额分配机制+捕捞配额平台交易机制+海洋渔政有效监管机制”的“四位一体”工作推进机制（图4），能够有效助推海洋渔业可捕资源量市场化方案的全面落地实施。

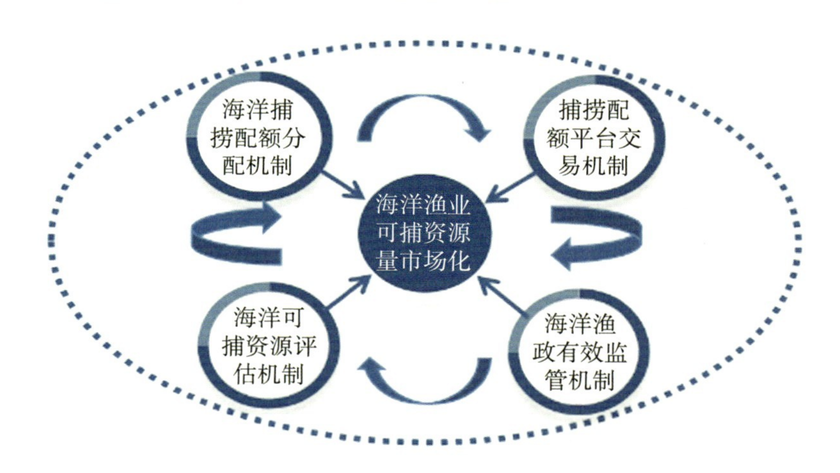

图 4　海洋渔业可捕资源量市场化“四位一体”工作推进机制

（1）海洋可捕资源评估机制

科学评估海洋渔业可捕资源量是实施资源市场化的前提和基础。因此，实施海洋渔业可捕资源量市场化必须首先构建资源可捕量的科学评估机制。客观而言，确定海洋渔业可捕资源量是一项繁杂的系统工程，因为海洋渔业可捕资源量不是一个单一的总量，而是涉及不同海洋渔业品种的不同可捕量核算的问题；同时，它也不是一个全海域总量的概念，而是带有区域属性——不同的海域有着不同的渔业可捕资源量。在实际工作中，海洋渔业资源可捕量的确定不仅要测算各个海域渔业资源的保有量，还要评估基于生物生长特性所衍生的渔业资源年度衍生量，在此基础上才能按照年度捕捞量不超过年度资源增加量的原则，合理设定各个海域不同渔业品种的可捕资源量。显然，这需要依托水产、生物、海洋、环境、气象、信息、遥感等领域的科学研究团队开展联合攻关，尽快突破海洋渔业资源可捕量评估的关键技术。最终，通过全面摸清各个海域的渔业资源情况，科学量化各个海域各个海洋渔业品种的保有量、年度增加量和可捕系数，才能面向各个海域近岸省市制定合理的海洋渔业资源可捕量限额。

（2）海洋捕捞配额分配机制

海洋渔业可捕资源量的分配涉及成千上万从业者的切身利益，需要进行公平合理的分配。只有通过构建科学的海洋捕捞配额分配机制，重点保证分配的公平性，海洋可捕资源量市场化才可能普遍为全社会所接受。实践中，基于生计渔业的考虑，海洋渔业可捕资源量的分配应当以海洋捕捞专业从业人员为分配对象进行平均分配，要让每个海洋捕捞渔民通过所得的配额体现自己的海洋捕捞作业权利，如此才有利于最大限度地实现社会的公平公正。需要说明的是，在此分配标准下，现有各种经营规模的水产捕捞企业则要靠收购分配到单个海洋捕捞渔民手上的配额获取海洋捕捞权利，势必导致生产成本的上升，进而拉高海洋捕捞水产品的市场价格，最终会在一定程度上降低国民对捕捞海产品的市场需求。同时，高价位的海洋捕捞渔获物也会将一部分原有的捕捞海产品消费需求分流至养殖海产品和淡水产品的消费环节，这在促进海洋捕捞业供需良性互动发展的同时，也会促进我国海水养殖业的规模化发展和淡水产品的产销两旺。对于那些在此捕捞配额分配标准下经营效益低下的水产捕捞企业，高价位的海洋捕捞水产品经营也势必会在一定程度上倒逼它们转产转业，这又会在一定程度上降低我国现有数量巨大的海洋捕捞强度，显然有利于我国海洋渔业资源总量的良性恢复。

（3）捕捞配额平台交易机制

在科学评估海洋渔业资源和严格执行海洋配额捕捞基础上，全面推行捕捞配额平台交易机制，是实施海洋渔业可捕资源量市场化方案的核心环节。通过建立国家级海洋捕捞配额网上交易平台，实现捕捞配额的自由交易，相关配额的交易价格由市场供需状况决定，出让者和购买者随行就市交易，确保资金转账实时到位。而且，该交易平台需要与海洋渔业管理部门的捕捞配额分配系统保持实时联通，以便确认拟交易海洋捕捞配额的真实性和有效性，也方便政府管理部门对海洋捕捞渔民群体信息的动态掌握。做好海洋捕捞配额网上交易信息库建设和管理工作，全面记录配额交易及转移信息，动态查询配额所属权的变更信息，在方便海洋渔政管理部门监管拥有海洋捕捞配额人员身份变更的同时，也能够为以“转产转业”为代表的海洋渔业相关政策的优化调整提供基础数据。

（4）海洋渔政有效监管机制

海洋渔业资源可捕量的落实离不开渔政部门的有效监管，海洋渔业可捕资源量市场化方案的成功实施需要构建有效的海洋渔政监管机制。目前，我国的海洋渔政管理部门已经掌握所有捕捞渔船位置的动态变化信息，能够实现对休渔期捕捞渔船的实时动态监控。休渔期结束后，渔政管理部门可以根据海洋捕捞渔船获得的捕捞配额和船舶吨位信息，确定捕捞渔船允许的持续作业时间，同时也要担负起严格核检海洋捕捞渔船渔获量与其拥有的海洋捕捞配额总量一致性的职责。鉴于海洋捕捞生产对作业船舶的高度依赖性，实践中可以依托目前正在推进实施的国家级沿海渔港经济区建设项目，在以中心渔港为核心建设智慧渔港的同时，通过嵌入人工智能扫描技术、云计算等信息处理手段，尽快构建以海洋捕捞船舶为核算单元的海洋捕捞渔获智能管理综合服务平台，逐个清算单船航次捕捞渔获量并录入信息平台系统，同时累计核算单船海洋捕捞渔获总量，并严格参照单船拥有的海洋捕捞配额总量，对单个海洋捕捞船舶进行渔获总量控制和实施违规处理。最终，通过海洋渔政有效监管机制的持续运行，确保驻泊沿海各级渔港的所有海洋捕捞渔船能够严格按照拥有的捕捞配额总量进行生产作业。

4. 实施海洋渔业可捕资源量市场化方案的配套措施

（1）加强海洋渔业资源学科交叉研究

海洋渔业资源的生长受海水温度、盐度、水质、浮游生物、洋流、季风等诸多因素的影响，加之海洋渔业资源自身趋利避害的游动性生长特征，客观决定了海洋渔业可捕资源评估工作的繁杂程度和不确定性。只有做好海洋渔业资源种质创新培育、海域生态环境综合治理、海洋水文气象动态监测、海洋渔业遥感GIS技术研发等各项基础研究工作，进而加强这些与海洋渔业资源相关基础学科的交叉联合研究，才有可能量化既定海洋渔业资源品类的可捕系数，最终才能决定既定海域渔业资源的年度最大捕捞配额。另外，为了应对气候变化对海洋渔业资源的不利影响，还要尽快联合水产、生物领域的专家开展海洋耐温鱼苗培育的科技攻关工作，以便为未来增殖放流工作的有效开展提供充分的耐温苗种保障。

（2）加快沿海地区各级渔港智慧建设

实践中，海洋渔政有效监管机制的实施需要借助先进的海洋渔获称重、规格核验工具，而且巨大的海洋渔获总量客观上也要求依托先进的AI扫描、云计算、5G物联等信息技术手段做好关键设备的研制和集成工作。基于此，以国家级沿海渔港经济区建设为契机，尽快提升沿海地区各级渔港的智慧化水平，加快建设并推广海洋捕捞渔获智能管理综合服务平台，确保做好海洋捕捞渔获量与配额总量的核验工作，是全面推进海洋渔业可捕资源量市场化工作所必需的物质基础和技术保障。

（3）优化海洋渔业资源管理现行措施

为了保证海洋渔业可捕资源量市场化方案的成功实施，在严惩海洋渔船非法捕捞和跨区作业行为、强化海域环境污染综合整治工作的同时，还要进一步优化我国海洋渔业资源管理的现行措施。从海洋捕捞要素视角来看，要持续推进和优化现行的伏季休渔制度、海洋捕捞渔船“双控”制度、转产转业制度和增殖放流制度，确保“减船、减人、增苗”工作的深入开展；从海洋捕捞产量视角来看，则要进一步完善海洋捕捞限额制度和海洋渔业资源总量管理制度建设，确保海洋捕捞渔获量不损害海洋渔业的资源保有量和种群数量。

引文索引

[1] 唐方. 中国近海渔业悲歌[J]. 环球人文地理，2016,（9）：42-49.

[2] 申毅，高鸽，李璞璞. 中国船员海外屡次遭拘凸显中国海洋资源困境[EB/OL].（2005-01-26）[2005-01-26]. http：//news.cri.cn/gb/3821/2005/01/26/301@434098.htm.

[3] 财政部网站. 财政部、农业部联合部署渔业油价补贴政策调整工作[EB/OL].（2015-07-09）[2015-07-09]. http：//www.gov.cn/xinwen/2015-07/09/content-2894870. htm.

[4] 农业农村部办公厅. 农业农村部办公厅关于2021年度海洋伏季休渔典型案例的通报[EB/OL].（2021-10-26）[2021-10-29]. http：//www.yyj.moa.gov.cn/yzgl/202110/t20211029-6380739.htm.

[5] 农业农村部渔业渔政管理局等. 2021中国渔业统计年鉴[M]. 北京：中国农业出版社，2021.

[6] 余景，胡启伟，袁华荣，陈丕茂. 基于遥感数据的大亚湾伏季休渔效果评价[J]. 南方水产科学，2018,（3）：1-9.

[7] 张红智，朱玉贵，孙志敏. 我国海洋捕捞能力的管理方法及制度效应[J]. 中国渔业经济，2007,（2）：17-21.

[8] 朱坚真，师银燕.北部湾渔民转产转业的政策分析[J].太平洋学报，2009,（8）：77-82.

[9] 李想，张珊，李婷婷，陆风. 2021年三农新闻热点回眸[EB/OL].（2022-02-16）[2022-01-26]. http：//www.jwl18.com/xinwen zixun /1353.html.

[10] 赵丽华. 我国海洋渔业捕捞限额制度的实施研究[D]. 上海：上海海洋大学，2020. DOI：10.27314/d.cnki.gsscu.2020.000124.

[11] 唐议，赵丽华. 我国海洋渔业捕捞限额制度实施试点评析与完善建议[J]. 水产学报，2021,（4）：613-620.

[12] 张溢卓，张峰玮. 浙江省海洋捕捞总量管理对策分析及日本经验借鉴[J]. 中国渔业经济，2021,（3）：50-56.

[13] 韩杨. 1949年以来中国海洋渔业资源治理与政策调整[J]. 中国农村经济，2018（9）：14-28.

报告编号：TP2203

2 建造海上丝路展示船，助推构建人类命运共同体

杜元伟　钟姣姣

中国海洋大学管理学院

编者按

“一带一路”是我国长期战略性倡议，是人类命运共同体的重要组成部分。自2013年提出以来，“一带一路”共建取得了重大成就，带动了相关国家的社会进步和经济发展。然而，“一带一路”共建国家之间的地理位置相距遥远，如何让共建国家民心相通仍是一大难题。本文提出了建造海上丝路展示船的建议，是弘扬人类命运共同体理念、促进沿线国家民心相通的关键举措，是快速推动海上丝绸之路建设的利器，具有重要的战略意义。

第一作者简介

杜元伟，1981年生人，吉林大学管理科学与工程专业博士，中国海洋大学管理学院教授、博士生导师、副院长，教育部人文社科重点研究基地海洋发展研究院研究员，研究方向为管理决策、海洋管理等。目前，担任国家社科基金重大项目首席专家，山东省泰山学者青年专家，农业农村部海洋牧场建设专家咨询委员会委员，校学术委员会委员、院学术委员会副主任，中国评价学会常务理事、山东省企业管理研究会常务理事、中国优选法统筹法与经济数学研究会智能决策与博弈分会常务理事，国家自科基金、国家社科基金、教育部人文社科基金等项目同行评审/鉴定专家。

自2013年中国正式提出共建“一带一路”倡议以来，国际经贸合作快速发展，成效显著。截至2022年1月，中国已与147个国家、32个国际组织签署200多份共建“一带一路”合作文件[1]，中国对“一带一路”沿线国家的投资稳步增长。即使新冠疫情导致全球经济出现衰退趋势，2020年亦实现直接投资225.4亿美元，同比增长20.6%。“一带一路”已成为当今世界深受欢迎的国际公共产品和国际合作平台[2]。

“一带一路”合作重点是政策沟通、设施联通、贸易畅通、资金融通、民心相通，其中民心相通是最基础、最持久，也是最困难的合作方式。尽管目前已在文化、旅游、教育、卫生、减贫、智库、科技等交流合作方面[3]取得了一些成绩，但实现民心相通仍然是“一带一路”深入推进和快速发展的关键环节。相比之下，前“四通”发展较快，而受制于客观条件，民心相通进展较慢。为了搭建沟通桥梁、传播丝路精神、宣传共建成果、消除歪曲认识、增强合作信心，本文提出，中国亟须建造海上丝绸之路展示船（简称海上丝路展示船），创造“一带一路”交流平台，助推构建人类命运共同体。

一 建造海上丝路展示船的必要性

1. 相距遥远，交流不畅，民心相通困难重重

目前对于“一带一路”的媒体报道和学术成果多聚焦于政策沟通、设施联通、贸易畅通、资金融通，如法律保障、进出口贸易、园区建设、产能合作、产业结构升级、自由贸易网络。而对于民心相通则仅聚焦于文化交流、教育合作等，无论是媒体报道还是学术研究其成果都相对较少。原因在于，民心相通需要民众层面的相互了解，但各国相距遥远，地理阻隔是民心相通的主要障碍，这个问题会长期存在。而且，各国在风俗习惯、宗教文化、价值观念等意识形态层面有明显差异，难以自然地民心相通。此外，前“四通”可以主要靠政府推动予以实现，而民心相通仅靠政府努力则难以实现。上述困难造成民心相通建设相对滞后。

民众参与机会少，对“一带一路”理解不深入。“一带一路”是内涵

丰富、意义深远的合作倡议，但民众对其理解的深度还远远不够。很多国家参与“一带一路”共建更多的是基于经济建设和社会发展的需要，虽然各国利益相关者在项目建设层面沟通频繁，但是他们对于“一带一路”的长期作用和人类命运共同体的理念内涵却缺乏足够的了解。在相关国家，即便是政府官员、教育界、企业界等对国家发展有重要影响的高层次群体都很少有机会深入了解“一带一路”，普通民众更是如此。面向普通民众举办的艺术节、博览会等文化交流与教育合作项目对民心相通确实重要，但这些活动形式在全面展示“一带一路”理念内涵层面却缺乏系统性支撑。

新冠疫情筑起了民心相通的交流壁垒。新冠疫情暴发后，各国的疫情防控政策严重影响了国与国、民与民之间的交流活动，人员流通基本处于停滞状态，实现民心相通更加困难。

习近平总书记曾多次提到“一带一路”是为了造福沿线百姓，要将基础设施“硬联通”作为重要方向，把规则标准“软联通”作为重要支撑，把共建国家人民“心联通”作为重要基础，推动共建“一带一路”高质量发展[4]。民心相通在“一带一路”中发挥着重要作用[5]，但上述问题和外在因素在一定程度上阻碍了民心相通的高质量发展。为此，我们建议建造海上丝路展示船，主动走出去，展示“一带一路”的理念、内涵和成果，与沿线国家民众深入交流，搭建民心相通的桥梁，助推构建人类命运共同体。

2. 国外宣传严重不足，民心相通需要新的交流渠道

人类命运共同体旨在追求本国利益时兼顾他国合理关切，在谋求本国发展中促进各国共同发展。高质量发展“一带一路”是构建人类命运共同体的重要路径，然而“一带一路”在某些国家难以得到理解和支持，不利于构建人类命运共同体。

既然无法眼见为实，民众对“一带一路”的认知只能源于传媒报道。中国是“一带一路”的提出者、倡导者、推动者、践行者，国内传媒对“一带一路”有全面、广泛、深入的宣传。如“中国一带一路网”对新闻资讯、政策环境、五通发展、基础数据、国际合作等方面进行全方位报道，新华网、中国网、央视网、中国经济网等媒体亦设有专门的“一带一路”频道对政策和要闻进行宣传。

然而，国外对“一带一路”的宣传报道远远不够，无法全面展现“一带一路”承载的理念及取得的成果，严重影响民众对“一带一路”的深入理解。这主要是因为西方媒体占据着全球话语权，而中国媒体在国际传播中仍处于弱势地位[6]。随着“一带一路”倡议的提出到落实，国际媒体报道重点逐渐转向为倡议在中国推动建立国际新秩序时面临的严峻形势和挑战[7]，不利于世界各国民众客观地看待“一带一路”的重大意义。有些国家的媒体报道歪曲了“一带一路”倡议的内涵[10-12]，对“一带一路”发展带来了沟通壁垒，增加了民心相通的难度。此外，从对“一带一路”进行报道的主题分布数量上看，更多地聚焦于政治、经济类报道，而对于民生民意类报道相对较少[8, 9]。各国政府对于“一带一路”的作用更多地聚焦于其对经济合作和区域发展的利好上，而对于民生民意方面重视不够，使民众潜移默化地认为“一带一路”是国家层面的事情，对“一带一路”不够关注。

迄今，国外对“一带一路”、人类命运共同体的重大意义认识仍不够深入全面，中国倡议尚未得到广泛认同和理解[10-12]。为此，中国亟须打造海上丝路展示船，将“一带一路”的理念内涵带到沿线各国，正面宣传人类命运共同体的理念与主张，让民众眼见为实，让更多国家切实感受到“一带一路”对促进经济社会发展、改善民生福祉的成效，展示“一带一路”的美好愿景，吸引更多国家主动参与其中，为构建人类命运共同体注入新活力。

其实，即使国外民众有机会来到中国，能够亲眼看到中国的发展，也有可能无法全面理解“一带一路”提出的理念。海上丝路展示船将成为一个特别的展示平台，将凝聚、浓缩、提炼出“一带一路”的内涵，正面体现“一带一路”的宝贵意义，展示“一带一路”的美好未来。由此看来，海上丝路展示船的作用和功能是其他任何形式的宣传报道所无法匹敌的。

二 海上丝路展示船承载的使命

为了促进民心相通、宣扬人类命运同体、实现文化交融，建造海上丝路展示船尤为必要。展示船将承载着赋能全球经济增长、助力命运共同体建设、推动“一带一路”高质量发展的历史使命，向世界传递友谊、真理、自由。一方面，展示船要以“和平合作、开放包容、互学互鉴、互利共赢”的丝路精神为指引，向沿线国家讲好“中国故事”，向世界阐明“一带一路”的初衷和理念，赋能全球经济增长。另一方面，展示船要宣扬“绿色、健康、智力、和平”之精神，助力推动“一带一路”共建国家乃至全世界成为休戚与共的利益共同体、情感相通的命运共同体、互利共赢的责任共同体，尤其要关注海洋问题，加速构建海洋命运共同体。

1. 展示共建发展的美好愿景，创造更多合作机遇

“一带一路”沿线国家多为发展中国家，实现经济发展、增进人民福祉是这些国家面临的首要任务和基本追求，更是中国同沿线国家的共同愿望和利益交汇点[13]。展示船要以推动人类社会发展为使命，主动向沿线国家乃至全世界展示共建“一带一路”的中国立场与和平发展理念，申明“一带一路”的世界格局，展示海上丝绸之路建设的重大意义。一方面，要宣传中国“一带一路”的平台作用，积极推动“南南合作”，力所能及地向沿线发展中国家提供不附加任何政治条件的援助，支持和帮助他们消除贫困[14]，从而让贫穷落后的国家看到美好的未来，为其发展带来新机遇与新方向。另一方面，发达国家是人类命运共同体的重要组成部分，其社会发展也面临着各种挑战，因此展示船还要诠释“一带一路”对促进这些国家社会发展的重要价值，为发达国家民众接受中国理念创造条件，促进人类命运共同体的实现。

2. 展示经济互补与合作潜力，促进国际经济合作

“一带一路”是适用于经济全球化的国际经济合作新模式，是促进经济要素有序自由流动、实现资源高效配置的新举措，是构建均衡普惠型区域

经济合作的新架构[15]，是实现人类命运共同体的新路径[16]。海上丝路展示船要展示“一带一路”沿线国家在市场规模、资源禀赋上的已有优势和潜在能力，展示如何以经济优势带动社会发展，展示中国的社会实践、经验和成果，展示中国与这些国家的经济互补性和合作潜力。展示船每到一个国家，可以通过举办各类经济活动，建立系列沟通渠道，促进当地企业与中国企业的对接、交流与合作。以此推动“一带一路”共建国家之间的供需关系有效整合，促进各国实现共同进步和全面发展。

3. 展示通道平台与政策优势，促进国际贸易发展

“一带一路”的核心功能是促进各国的交流与合作，只有将“一带一路”沿线国家在商品、服务、生产要素交换等方面的潜在优势充分调动起来，才能形成优势互补局面，造福沿线国家。海上丝路展示船要在深化“一带一路”贸易畅通合作方面发挥助推作用，展示中国在进口贸易、出口贸易、过境贸易等方面的优惠政策和成功案例；展示中欧班列、丝路电商等贸易通道的建设成果；展示中国–东盟博览会、中国–东北亚博览会、中国–南亚博览会等贸易畅通平台的创新发展潜力。海上丝路展示船要通过倡导合作共赢助推国际贸易发展，促进国际国内要素有序自由流动、资源高效配置、市场深度融合[17]，助力经济一体化和贸易投资高质量发展。

4. 展示科学技术的推动作用，促进科技创新合作

现代科技已将很多国家紧密联系在一起，科技创新是推动技术进步和社会发展的源泉。然而，一些国家因科技落后导致社会发展水平严重滞后，甚至越落越远。海上丝路展示船要展示卫星遥感、第五代移动通信、虚拟现实、人工智能等高新技术对生产效率提升、人民生活改善、社会进步发展、海洋环境保护等方面的重要作用，宣传中国与“一带一路”共建国家进行科技创新合作的立场和政策，促进中国与沿线国家在推动科技人文交流、共建联合实验室、建设科技园区、推进技术转移等方面的合作，助力打造“一带一路”科技创新发展新引擎。

5. 展示环境污染现状与危害，促进达成绿色共识

海平面上升、海洋生物锐减等环保问题日益成为全世界关注的重点，“碳达峰”“碳中和”是中国应对气候变化的庄严承诺，绿色发展已成为“一带一路”共建的底色[18]。海上丝路展示船要通过科普海洋环境污染现状及对人类造成的危害，传播绿色、低碳、循环、可持续的发展理念，激发沿线各国政府、企业、民众达成绿色共识。要以绿色建设为基调，促进新能源项目的开发与落地，呼吁各国为可持续发展而共同努力。通过展示中国绿色发展的成果，推动各国民众关注国家的长远利益，认识绿色发展对人类命运共同体的重要作用。

6. 展示教育为本的发展理念，促进区域教育发展

教育为国家富强、民族繁荣、人民幸福之本，在共建“一带一路”中具有基础性和先导性作用[19]。中国曾帮助很多国家发展教育，通过招收大量留学生，为这些国家播撒了人才的种子。然而，国家的持续进步取决于其整体教育水平的提升。海上丝路展示船要宣扬知识改变命运、知识改变国运之理念，引导沿线国家兴办教育、富民强国，促进中国与沿线国家一道强化教育系统，加强人才培养，分享先进教育经验，共享优质教育资源，形成平等、包容、互惠、活跃的教育合作态势，促进区域教育发展，共同开创美好明天。

7. 展示现代医疗与防疫体系，促进医疗交流合作

参与“一带一路”共建的许多国家医疗卫生水平较差，如埃博拉、疟疾、霍乱、登革热、黄热病、拉沙热等疾病严重威胁着非洲民众的生命安全，每年都有几十甚至上百万的非洲人感染流行病但却因没有医疗条件救治而死亡[20]，全球95%的疟疾病例和96%的疟疾死亡人数产生于世界卫生组织非洲区域[21]，新冠疫情的暴发更是将医疗发展的区域不平衡问题暴露无遗。海上丝路展示船要展示先进的医疗和防疫技术体系及社会体系，倡导落后国家健全医疗卫生的法制体系、组织体系、服务体系，提高医疗水平，保障民众健康。引导各国在传染病疫情通报、疾病防控、医疗救援、传统医药

等领域与中国加强合作，推动建立国际医疗大学，为各国培养医学人才。

8. 做民心相通的播种机，推动“一带一路”高质量发展

海上丝路展示船将全面展现“一带一路”共建的理念内涵，势必会成为落实人类命运共同体理念的关键举措，为实现民心相通创造必要条件。然而，展示船在途经之地只能短暂停留，如何让巡回展示的作用可持续、有后效则需要进行系统设计和统筹安排。首先，展示船要搭建平等互利的对话平台，创新双边、多边合作机制，让当地企业有机会与中国企业对接，并以更高效、更直接的方式与沿线各国民众建立互动关系，增强彼此理解和相互信任。其次，通过授权当地组织，将展示船在巡回展示过程中取得的关键性成果进行传承和发展，推动中国与各国建立永久互利的合作关系。再次，以巡回展示为契机，促进与沿线各国构筑数字经济发展的区域平台和数字规则治理的新型框架，引导沿线国家加大在信息基础设施方面的投资，破除数字经济和数字贸易的发展壁垒，促进数字软硬“互联互通”，推动数字“一带一路”建设朝着相互尊重、公平正义、合作共赢方向发展[22]。总之，海上丝路展示船要成为“一带一路”倡议的播种机，在所到国家播撒合作的种子，落实民心相通的使命，凝聚民众对“一带一路”的向心力，团结世界各国政府和民众，推动人类命运共同体理念达成共识。

三 海上丝路展示船的顶层设计

不论是“一带一路”共建，还是人类命运共同体理念推广，都是一个庞大的系统工程。海上丝路展示船要进行科学的顶层设计，确保其承载使命得以顺利实现。

1. 展示船的功能区划

以海上丝路展示船的承载使命为依据，拟设立功能展示区和交流服务区，对“一带一路”的历史脉络、共建成果进行展示，为商贸洽谈、文化交流、医疗服务提供平台。具体功能区划框架如图1所示。

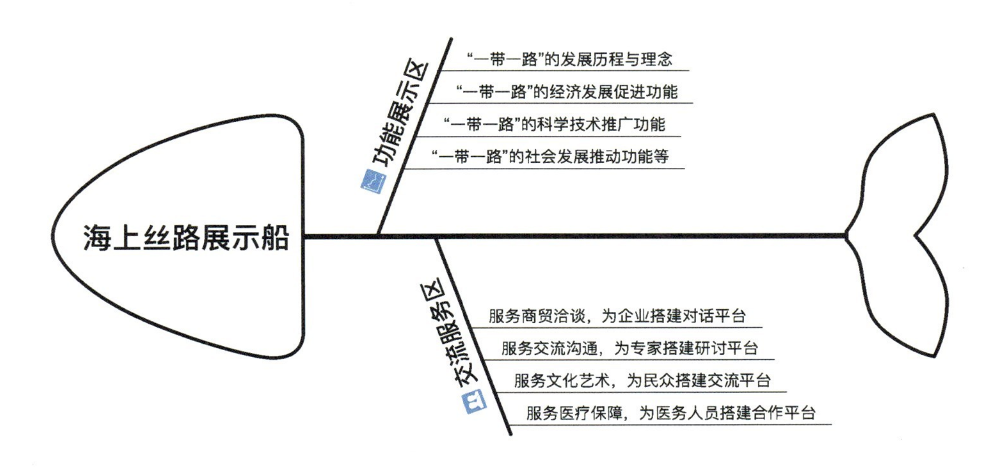

图 1　展示船功能区划框架

（1）功能展示区

功能展示区是为生动形象地呈现“一带一路”的历史演进脉络、共建成果所搭建的展示区域，是海上丝路展示船的核心价值所在。展示区要以文物、文献、图片、影像资料为载体，以虚拟现实等高科技为手段，利用现代化信息技术提高展示效果。该区域要规划足够大的展示空间，可以分成多个专题展区，确保能够容纳足够多的参观者，初步估计要有30 000平方米的展示空间，要同时容纳6 000人参观与交流。结合“一带一路”的承载使命和合作重点，设计海上丝路展示船的展示内容如下。

展示古代海上丝绸之路在促进海上贸易、增进文化交流等方面的系列成果，展示中国与丝绸之路经济带上国家的深厚历史渊源[23]，传承古代丝绸之路追求和平、友谊、交往、繁荣的愿景[24]。展示“一带一路”的发展历程，从国际大背景出发阐明中国提出“一带一路”的初衷，系统地介绍“一带一路”的理念体系，描绘未来共建发展的愿景。展示中国与“一带一路”共建国家的签约情况、建立的合作机制、取得的主要成果，让更多国家切实了解合作项目建设与运营的成效和优惠政策，增强各国参与“一带一路”共建的信心与决心。

具体展示内容如下。

在设施联通上，要展示互联互通的建设成就及民生项目的建设成效，如国际经济合作走廊和通道建设以及基础设施建设，着力宣传科伦坡港口、柬埔寨华能桑河二级水电站等样板工程，展示“一带一路”为改善民生和促进社会进步带来的丰硕成果。

在贸易畅通上，要展示经贸合作情况，通过可视化技术直观地展示贸易投资的增长、投资范围的拓展，突出海上贸易发挥的重要作用，展示国际合作对社会进步和产业发展带来的改变。

在资金融通上，要展示为“一带一路”提供金融服务的相关机构，如亚洲基础设施投资银行、多边开发融资合作中心和丝路基金等，以及中国与沿线国家对于“一带一路”的支持政策，鼓励沿线国家使用相关金融服务参与共建。

在民心相通上，要展示在科教文卫等方面取得的成果，突出教育的交流合作成就，展示共建国家设立中国文化中心和孔子学院情况、合作办学机制、交换生鼓励政策等，让一些教育发展落后的国家感受“一带一路”对繁荣教育事业的推动作用。

在医疗合作上，要展示中国对非洲等医疗体系不发达国家提供的援助，分享中国抗疫及对外医疗援助的成功经验和最新进展，呼吁世界各国关注医疗健康。

在科学技术上，要展示先进的技术与装备，如绿色建筑、大气治理与监测、垃圾处理及回收利用、新能源等节能环保技术，物联网、无人机、机器人、高端数控、电子信息等高新技术，海洋生物制药、生物工程等新医药技术，海水淡化及综合利用、海洋高端装备制造、智能港口建设等先进装备，让当地民众感受到中国有能力推动“一带一路”共建，展露中国参与全球海洋治理的实力。

此外，还可以展示中国与相关国家在海洋安全保障、海洋生态治理、海洋主权维护、海洋经济发展等方面的共建成果，激发民众对建立合作与和谐海洋国际关系的强烈渴望，认识到“21世纪海上丝绸之路”对沿线地区在海洋贸易、科技发展等领域带来的新机遇。

（2）交流服务区

交流服务区是为与沿线国家进行商贸洽谈、文化交流、医疗服务所搭建的区域，可以提供以下服务功能。

服务商贸洽谈，为企业搭建对话平台。中国企业和当地企业可以就合作机制、关键项目、金融服务、创新发展等问题进行平等对话，通过论坛、会议等形式了解各国发展需要以及企业合作困境，探讨建立新的合作对接机制。

服务交流沟通，为专家搭建研讨平台。在医疗保健、能源开发、海洋环境保护、资源可持续利用等领域，邀请专家学者对绿色健康产业的发展和配套政策进行研讨；在人工智能、大数据、云计算等领域，通过举办双边、多边会议，加强与共建国家之间的合作与交流；针对“一带一路”宣传报道问题，探讨中国媒体与外国媒体的合作与对接机制等。

服务文化艺术，为民众搭建交流平台。通过举办晚会、艺术节等活动，采用音乐、舞蹈等形式，展现沿线国家的海洋文化、价值观念、审美情趣、思维方式，促进与中国的文化交流和思想沟通。该类活动若规模庞大，也可以拓展至码头等室外场所，吸引更多人员参与其中，扩大影响力。

服务医疗保障，为医务人员搭建合作平台。在巡回展示期间可以建立医务合作轮换制度，为沿线国家提供部分医疗服务和远程医疗服务；以展示船的医务交流为契机，建立健全与沿线国家的医疗合作网络。

2. 展示船的创新设计

迄今为止，世界上还没有这种专用的展示船，因此，船舶设计具有一定的挑战性，需要在诸多方面进行设计创新。为完成海上丝路展示船的承载使命，船体设计要能集多种功能于一体，注重造型和功能的高度契合、科学与艺术的紧密结合、造船技术和中国文化的有机融合。展示船要符合沿线港口、航道等现实要求，确保航速、吃水、稳性、浮态等船舶技术指标达标。展示船要体现以下特点。

在外观与功能方面，展示船要展现“一带一路”的风格特点和艺术形象，外部结构要线条灵活、比例协调、形体美观，船舱要进行合理分区，内饰色彩设计要体现其鲜明特性及和谐氛围，与功能区划相协调[25]。

在设计与技术方面，展示船要采用先进的船舶设计和建造技术[26]，技术选择时要环保科技并存、反映绿色发展、突出中国制造。要彰显中国船舶制造实力，充分利用智能技术、智能设备实现建造过程仿真化、过程控制并行化、决策体系智能化、管理体系信息化、工艺装备自动化、服务保障全程化。要充分利用现代化信息技术，实现虚拟与现实相结合、线上与线下相联动、国际与国内相协同，为沿线各国民众提供优质的参与体验。

在装备与能力配置方面，展示船既要保障航行需要，又要展现大国实力。展示船将途经多个国家和地区，历时长，路途远，动力装备要具有良好的续航能力，满足船上工作人员的日常生活需要。展示船所走航线既可能途经海洋灾害频发的海域，也可能途经航道较窄的运河，因此要具有抵御自然风险的能力，要装载先进的气象探测和巡航辅助装备。展示船途经之处可能存在非传统海上威胁，因此，也需要配置一定的军事防御装备，保障船上全体人员的生命财产安全。

3. 展示船的航线规划

21世纪海上丝绸之路的合作伙伴并不局限于中国周边国家，而是要以点带线、以线带面，串起连通东盟、南亚、西亚、北非、欧洲等各大经济板块的市场链，发展面向南海、太平洋和印度洋的战略合作经济带，促进亚欧非经济贸易一体化，实现共建国家的共同繁荣。展示船不仅要面向对"一带一路"持友好态度的国家，也要面向那些持怀疑态度的国家，甚至是阻碍"一带一路"发展的国家，让途经国家和地区的民众全面深入地了解"一带一路"的理念内涵，助力实现民心相通。

根据21世纪海上丝绸之路建设的重点方向，结合古代海上丝绸之路的两条路线以及构建人类命运共同体的现实需要，建议规划西部航线、南部航线、太平洋航线三条航线，具体如图2所示。

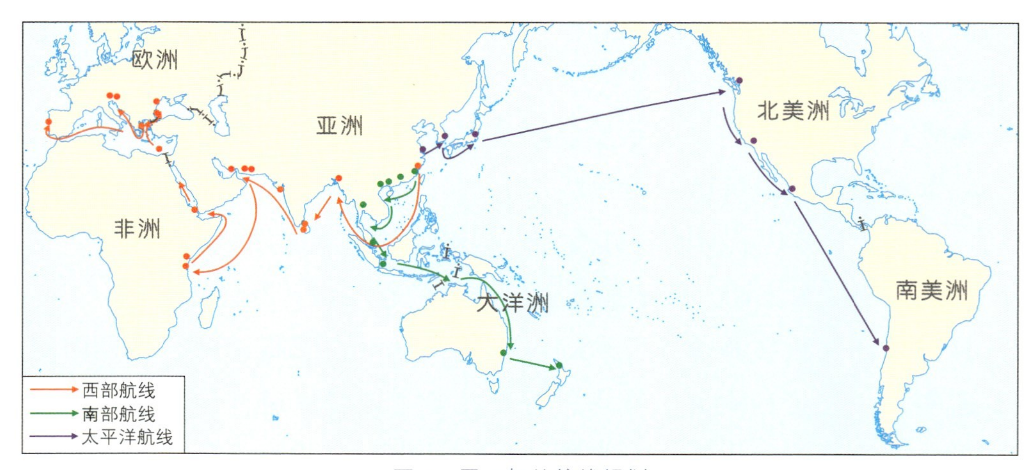

图 2　展示船的航线规划

（1）西部航线

西部航线拟途经南亚、中东波斯湾、北非、地中海海岸等地区的国家。该航线的设计与21世纪海上丝绸之路重点方向一致，即从中国沿海港口穿过南海到印度洋延伸至欧洲，服务于国家顶层设计。该区域多数国家已与中国签订“一带一路”合作协议，合作项目正稳步推进，但也存在因与当地风俗习惯、环保意识不一致等原因而使少数项目被迫停滞的情况。西部航线要以科伦坡港、瓜德尔港、比雷埃夫斯港等中国与沿线各国共建或合作的港口以及国际重要航线上的重要港口为节点。该航线拟途经的国家（港口）如下：中国（福州港）—孟加拉国（吉大港）—斯里兰卡（科伦坡港）—印度（孟买港）—巴基斯坦（瓜德尔港）—伊朗（恰巴哈尔港）—阿联酋（迪拜港）—坦桑尼亚（达累斯萨拉姆港）—肯尼亚（蒙巴萨港）—吉布提（吉布提港）—苏丹（苏丹港）—埃及（亚历山大港）—土耳其（伊斯坦布尔港）—罗马尼亚（康斯坦察港）—希腊（比雷埃夫斯港）—克罗地亚（里耶卡港）—意大利（威尼斯港）—葡萄牙（里斯本港）。

（2）南部航线

南部航线拟途经东南亚的国家以及澳大利亚、新西兰等大洋洲国家。古代丝绸之路自秦汉时代开通，一直是经济文化沟通的重要桥梁，为中国与沿线各国的合作交流奠定了坚实的情感基础，因此该航线拟途经古代海上丝绸之路的南海航线（东南亚地区），在这些国家进行展示，宣扬“绿色、健康、智力、和平”精神，有利于引发当地民众的情感共鸣，便于完成展示船承载的使命。大洋洲位于海上交通要道之交汇处，与中国经济互补性强，经贸合作潜力巨大。另外，新西兰是首个与中国签署“一带一路”合作协议的西方发达国家，而澳大利亚则于2021年4月正式撕毁“一带一路”协议。途经这两个国家，一方面有利于展示“一带一路”对促进经济发展、改善国计民生的成效，坚定共建信心，另一方面也有利于宣传“互信、包容、合作、共赢”之理念，增进了解和尊重，消除误解和偏见。南部航线拟途经的国家（港口）如下：中国（泉州港）—中国（广州港）—中国（北海港）—越南（海防港）—泰国（曼谷港）—马来西亚（巴生港）—新加坡（新加坡港）—印度尼西亚（雅加达港）—澳大利亚（达尔文港、悉尼港）—新西兰（奥克兰港）。

（3）太平洋航线

太平洋航线拟途经日本、韩国以及美洲国家。该航线的设计与古代海上丝绸之路的东海航线方向一致，首先前往朝鲜半岛和日本列岛。因地缘关系，韩国、日本自古以来就与中国有着密切的经济、文化往来，合作基础良好，易于开展深度合作。另外，展示船承载着助推构建人类命运共同体的使命，要以21世纪海上丝绸之路建设为平台，尽可能让更多国家参与其中，推动"一带一路"从区域合作走向全球合作。因此，该航线还要向太平洋东部进一步延伸，去美洲国家进行巡展，搭建"平等、互利、高效、友好"之平台，转变思想观念，化解矛盾冲突，实现和谐共赢。太平洋航线拟途经的国家（港口）如下：中国（上海港）—韩国（釜山港）—日本（东京港）—加拿大（温哥华港）—美国（洛杉矶港）—墨西哥（曼萨尼约港）—智利（瓦尔帕莱索港）。

上面提出的三条航线是对古代海上丝绸之路两条航线的适度延伸，寓意重走海上丝绸之路、开拓未来发展之路，力求将"一带一路"推广至全球各国，促进人类命运共同体的构建。三条航线途经的国家和地区众多，可以根据展示船的作用和需求，确定船队的数量和规模。总之，海上丝路展示船的巡展航线要服务于国家顶层设计，在充分考虑历史渊源、战略布局、港口设施等情况的基础上进行确定。

4. 展示船建造与运行的保障措施

展示船的建造与运行不仅需要对船舶本身进行管理，其背后更需要"一带一路"实施机构的强大支撑。船舶应由国家"一带一路"相关机构统一领导，将展示船的内容进行逐层逐项分解，落实责任单位，明确职责分工，从组织、资金、政策等方面给予全方位保障支持，形成科学合理的管理体系。

（1）组织保障

展示船的建造与运行可由国家发展和改革委员会一带一路建设促进中心统一领导，与外交部、科学技术部、文化和旅游部、教育部、工业和信息化部、商务部、国家卫生健康委员会、海关总署、国家发展合作署等相关部门或下属机构共同成立海上丝路展示船的专项领导机构（组），全程开展展示船建造、运行方案论证以及相关政策制定等工作。海上丝路展示船的领导机构组织政府部门、科研院所和相关企业参与其中，统筹协调展示船的功能设计、关键技术、建造规划、承担主体等重大事项。要结合海上丝路展示船的承载使命和航行路线，确定展示船的建造数量、功能需求、财政预算、航行任务，整合多方资源，落实工作分工。

展示船领导机构要组织专业人员建立技术选择机制。要以绿色和智能化发展为方向，综合智能船舶的信息感知技术、通信导航技术、能效控制技术、航线规划技术、状态监测与故障诊断技术、遇险预警救助技术、自主航行技术等[27]方面，由专业人员对展示船建造的技术路线、技术方针、技术措施、技术方案进行全面比较分析，优选最佳技术解决方案。

展示船领导机构要对展示船的造船周期和巡航任务进行合理预估，明确各项任务的时间节点，倒排进度，挂图作业，确保各项工作的有力、有序、有效开展。要建立考核评价体系，强化督促检查，定期对展示船建造工作进行检查、评估、总结，及时进行控制和纠偏，建立健全考核评估机制。

展示船领导机构要组建一支专业的海上丝路展示船运行团队，事实上也是一个交流使团，从各个层面落实交流沟通的使命。该团队需要由中国“一带一路”主管部门直接领导，抽调思想素质高、业务能力强、熟悉对外联络事务的专业人士组成。团队要代表国家负责与到访国实现有效沟通，推动各行业人员高效衔接，促进交流沟通成果落实，高质量实现展示船的承载使命。

（2）资金保障

展示船不仅需要建造经费而且还需要运行经费。政府需要在资金保障方面进行全面规划，设立专项资金，保障船体建造和运行的经费需要，实现预期目标。

除了政府投入之外，要拓宽多元融资渠道。展示船的建造与运行可以争取多方支持，鼓励商业性金融机构发挥支持引导作用，鼓励各类企业为展示船巡回展示提供多样化支持。要以展示船巡回展示为契机，建立健全民间资本投入机制，拓宽资金来源渠道。

（3）政策保障

要结合国际、东道国的法律法规和产业政策，挖掘与海上丝路展示船相关的扶持配套政策，引导相关企业用足、用好、用活政策，确保政策落实到位。要挖掘在展示船建造过程中对绿色环保装备、智能船舶制造等方面的扶持政策，引导上下游企业积极参与其中。要挖掘在巡回展示过程中对产业引导、劳工管理、人文交流等方面的扶持政策，提前拟定民心相通建设中可能涉及的配套政策，保障巡回展示任务得以顺利开展。

要深入了解沿线国家的航运政策，通过外交手段与三条航线上的沿线国家提前开展对话，明确展示船巡航展示的目的，获取许可和支持，提前与东道国在巡航时间、航行路线、展示活动、宣传媒介等方面进行规划安排。要通过落实相关法律法规规避传统安全因素的影响，通过与东道国签订合作协议，尽力规避非传统安全因素（如海盗活动、恐怖主义等）的影响，保障航行安全。要根据《联合国宪章》和国际法原则，在得到东道国同意或经由联合国安理会授权的情况下，通过军事力量保障海上丝路展示船的航行安全。

四 确保民心相通使命的落实

民心相通是“一带一路”的重要基石，受众范围广、个体差异大，是“五通”里最难建设的一个。落实民心相通的使命不仅需要展示船这个硬件平台，还需要在人员交流方面进行系统设计，使展示船的功能得以顺利发挥。展示船拟将受众目标定位于东道国的政府行政人员、企业商务人士、科教从业人员、新闻媒体记者等多类群体，吸引不同层次的群体参与其中，助力民心相通建设。

1. 政府间的交流与沟通

政府行政人员是展示船到各国进行交流访问的重要参与者。首先，他们的参与能够协助并指导中国做好到访工作，有利于在遵守东道国法律法规和风俗习惯的基础上开展各类展示活动。其次，政府行政人员是民心相通相关项目的促成者、政策的制定者，他们了解所在国家的基本国情以及民众的利益诉求，通过参与相关展示活动、参与平等对话，加深对“一带一路”理念的理解，发现国与国之间的合作机会，建立互利共赢的贸易机制，推动东道国相关政策朝着有利于“一带一路”和人类命运共同体共建的方向发展，从顶层设计层面推动民心相通建设。最后，政府行政人员是官方正式的传播媒介，他们的参与有利于提高“一带一路”在东道国民众心中的可信度。

2. 企业间的交流与沟通

企业商务人士是民心相通建设的重要参与者和建设者。首先，企业商务人士通过参观功能展示区，能够感受“一带一路”的发展之势和可能带来的潜在收益，从而使其能够积极主动地加入“一带一路”共建之中。其次，企业商务人士通过商贸洽谈活动，了解相关政策支持和金融服务体系，发现新的合作机会，融入产业发展实践，作为行动方助推民心相通建设。再次，企业商务人士可以借助巡回展示平台表达在“一带一路”共建过程中遇到的困难，建立对话机制，完善相关政策。最后，企业商务人士可以通过文化交流，了解民众潜在需求，开展对外贸易活动，实现商品在沿线国家的流通，促进不同文化深度交融。

3. 与科教人员的交流与沟通

教育、科技、医疗等行业的从业人员是民心相通建设的传播者与参与者。教育合作是民心相通建设的一个关键举措，教育行业人员是沿线国家学生群体树立正确认知的重要传播者，邀请他们参与海上丝路展示船的相关活动能使其形成正确认识。科技人员和医生群体渴望了解世界的进步，与中国建立广泛的合作对于推动当地的社会进步有重要作用。另外，教育、科技、医疗行业人员能够从学术视角为当地政府献言献策，通过参与相关展示活动，从专业视角为政策制定、合作协议签订提供指导，助力“一带一路”共建。

4. 与当地媒体的交流与沟通

新闻媒体记者是民心相通建设的重要传播者，掌控着普通民众了解“一带一路”资讯的传递渠道，是“一带一路”理念能否在当地得到正确认知并得以宣传推广的关键。邀请新闻媒体记者参与展示船的各类展示活动，一方面要让新闻媒体记者正确认识“一带一路”的理念内涵，避免因了解不足而导致报道不实；另一方面，新闻媒体记者能够对展示船及其相关活动进行实时报道，有利于扩大“一带一路”的影响范围，提高知名度和美誉度，吸引更多群体的参与。

5. 与当地民众的交流与沟通

民心相通建设的目的是为深化双边、多边合作奠定民意基础，而普通社会大众是民心相通建设的参与者、评判者、受益者，他们决定着民心相通建设是否成功。邀请当地民众参与相关展示活动，能够使其了解“一带一路”精神和人类命运共同体理念，直观地感受“一带一路”对国计民生的改善情况，避免受不实报道的影响，深刻认识“一带一路”对实现互利共赢、和平发展的重要作用，实现思想和行动上的转变。另外，展示船也能为普通社会大众表达心声提供平台，通过多种形式实现文化交融，保障“一带一路”更好地落地。

6. 民众沟通需要注意的问题

截至2022年1月18日，与中国签署共建“一带一路”合作文件的国家有147个、国际组织有32个，覆盖了亚洲、非洲、欧洲、大洋洲、美洲的众多国家，合作国家数量的逐年增多，充分体现了“一带一路”强大的生命力。同时中国与不同国家的文化差异也非常明显、不容忽视，需要精心考虑和安排。

一是宗教信仰多样。宗教对政治、经济、社会等各个领域的影响显著[28]。“一带一路”沿线上的一些国家，宗教氛围十分浓厚，几乎涵盖了佛教、道教、东正教、基督教等所有宗教类型[29]。一方面宗教信仰差异降低了合作双方对不同文化的容忍力，容易造成难以消融的偏见，制约了“一带一路”沿线国家在文化、科技等领域的合作交流。另一方面宗教冲突风险、教派纷争风险、极端势力风险、政教关系风险，增加了“一带一路”共建的不确定性。只有了解并尊重当地宗教信仰，才有可能发挥出宗教的积极作用，促进中国在东道国投资等各类经济活动的顺利开展[30]。

二是历史文明多样。“一带一路”共建国家数量众多，在地域上覆盖了亚洲、非洲、欧洲、大洋洲、北美洲、南美洲共六大洲，在文明上涵盖了华夏文明、两河流域文明、印度文明、希腊文明以及基督教文明。地域和文明差异导致了共建国家之间在人生观和价值观、表达和语言习惯、行为和交往方式等方面存在诸多不同[31]，为“一带一路”跨文化交流带来了困难。“一带一路”共建要以文明交流超越文明隔阂、文明互鉴超越文明冲突，推动各国相互理解、相互尊重、相互信任[32]。

三是制度政体多样。“一带一路”沿线国家不仅制度存在差异，如社会主义制度、资本主义制度，而且政体类型多样，如总统制、议会共和制、君主制、君主立宪制、人民代表大会制、主席团制[33]。制度与政体的差异化和多样性，决定了国与国之间的交往方式具有复杂性和不确定性，导致跨国投资往往会面临着较高的制度风险与制度障碍[34]，从而对跨国投资项目的合作运营提出了挑战。要对展示船进行合理规划，突破制度和政体限制，降低国际合作风险，增加跨国投资合作的积极性和主动性。

文化差异使“一带一路”沿线国家的目标认知、语言交流、语义理解存在着沟通障碍，容易在双方或多方国际合作中产生误解甚至摩擦。为了消除交流障碍、实现文化交融，中国亟须建造海上丝路展示船对互信、包容、合作、共赢等理念进行宣扬，求同存异，形成共识，推动共建“一带一路”、构建人类命运共同体的进程。

引文索引

[1] 新华网. 我国已与147个国家、32个国际组织签署200多份共建“一带一路”合作文件[EB/OL].（2022-01-18）[2022-01-26]. http：//www.news.cn/world/2022-01/18/ c-1128275918.htm.

[2] 中国共产党中央委员会. 中共中央关于党的百年奋斗重大成就和历史经验的决议（全文）[EB/OL].（2021-11-16）[2022-01-26]. http：//www.gov.cn/zhengce/2021-11/16/content-5651269.htm.

[3] 刘伟，王文. “一带一路”大百科[M]. 武汉：崇文书局，2020.

[4] 央广网. 习近平在第三次“一带一路”建设座谈会上强调以高标准可持续惠民生为目标继续推动共建“一带一路”高质量发展[EB/OL].（2021-11-19）[2022-01-26]. http：//news.cnr.cn/native/gd/20211119/t20211119-525665707.shtml.

[5] 钟廉言. 民心相通是最基础的互联互通[N]. 人民日报，2017-06-09（23）.

[6] 毛伟. “一带一路”与全球传播[M]. 北京：新华出版社，2020.

[7] 李倩倩，李瑛，刘怡君. “一带一路”倡议海外传播分析——基于对主要国际媒体的文本挖掘方法[J]. 情报杂志，2019，38（3）：121-126.

[8] 毛雨婷.《纽约时报》对“一带一路”倡议的报道研究[D]. 赣州：赣南师范大学，2018.

[9] 赫琳，白利莹. “一带一路”外媒报道主题、关键词及语义韵研究[J]. 语言产业研究，2018，（0）：31-43.

[10] 海外网-中国论坛网. 回击五种错误论调 读懂“一带一路”倡议[EB/OL].（2018-08-09）[2022-02-14]. http：//theory.haiwainet.cn/n/2018/0809/c3542937-31371738 .html.

[11] 观察者网. 美国抗中重磅法案提每年砸3亿美元搞宣传，抹黑中国“一带一路”[EB/OL].（2021-04-23）[2022-02-14]. https：//www.guancha.cn/internation/2021-04-23-588601.shtml.

[12] 郑雪平，林跃勤. “一带一路”建设进展、挑战与推进高质量发展对策[J]. 东北亚论坛，2020，29（6）：94-106.

[13] 肖汉平. 高质量共建“一带一路” 为全球经济增长赋能[EB/OL].（2021-07-13）[2022-01-26]. http：//www.china.com.cn/opinion2020/2021-07/13/content-77623568.shtml.

[14] 新华网. 习近平在2015减贫与发展高层论坛上的主旨演讲（全文）[EB/OL].（2015-10-17）[2022-01-26]. http：//news.cnr.cn/native/gd/20151017/t20151017-520176734.shtml.

[15] 刘卫东. “一带一路”战略的科学内涵与科学问题[J]. 地理科学进展，2015，34（5）：538-544.

[16] 贾烈英. “一带一路”是实现人类命运共同体的新路径[EB/OL].（2017-05-13）[2022-01-26]. https：//theory.gmw.cn/2017-05/13/content-24469324.htm.

[17] 刘卫东. “一带一路”：引领包容性全球化[J]. 中国科学院院刊，2017，32（4）：331-339.

[18] 人民网. 齐心开创共建“一带一路”美好未来——在第二届“一带一路”国

际合作高峰论坛开幕式上的主旨演讲[EB/OL].（2019-04-27）[2022-01-26]. http：//politics. people.com.cn/n1/2019/0427/c1024-31053184.html.

[19] 中华人民共和国教育部. 教育部关于印发《推进共建“一带一路”教育行动》的通知[EB/OL].（2016-07-15）[2022-01-16]. http：//www.moe.gov.cn/srcsite/A20 /s7068/201608/t20160811274679.html

[20] 游猎生态. 一文读懂非洲流行病的历史｜积遇非洲[EB/OL].（2020-03-30）[2022-01-26]. https：//mp.weixin.qq.com/s--biz=MzkxMTI0MTk0Nw==&mid=22474893 88&idx=1&sn=5fac9b46410b9292e8dc2b360de3b4c6&source=41#wechat-redirect.

[21] 倪思洁. 新冠肺炎疫情加重全球疟疾负担[N]. 中国科学报，2021-12-10（03）.

[22] 中国国际经济交流中心“一带一路”课题组. 推动“一带一路”行稳致远[N]. 经济日报，2021-07-24（10）.

[23] 张昆. 传播先行，实现民心相通——服务丝绸之路经济带建设的国家传播战略[J]. 人民论坛·学术前沿，2015，（9）：62-72.

[24] 姚勤华，胡晓鹏.“21世纪海上丝绸之路”与区域合作新机制[M]. 上海：上海社会科学院出版社，2018.

[25] 万里，吕杰锋，许晟. 船舶造型设计特性研究与方法探析[J]. 中国舰船研究，2015，10（5）：6-15.

[26] 廖康平. 造船与航海[M]. 北京：科学出版社，2018.

[27] 桂傲然. 智能船舶七大关键技术[J]. 中国船检，2019，（4）：40-44.

[28] 郑筱筠. 关于“一带一路”实施中宗教因素的几点思考[EB/OL].（2019-05-23）[2022-01-26]. https：//wenxue.ucass.edu.cn/info/1016/1047.htm.

[29] 张胆琼.“一带一路”倡议实施中的宗教风险与防范——兼论习近平宗教工作重要论述[D]. 杭州电子科技大学，2019.

[30] 丁剑平，方琛琳.“一带一路”中的宗教风险研究[J]. 财经研究，2017，43（9）：134-145.

[31] 周力. 中西方思维方式的差异及对跨文化交流的影响[J]. 辽宁工学院学报（社会科学版），2006，（6）：73-75.

[32] 新华社. 习近平在“一带一路”国际合作高峰论坛开幕式上的演讲[EB/OL].（2017-05-14）[2022-01-26]. http：//www.xinhuanet.com/politics/2017-05/14/c-1120969677.htm.

[33] 中国经济网.“一带一路”沿线70国政治情况综合分析[EB/OL].（2015-

09−06）[2022−01−26]. http：//finance.china.com.cn/roll/20150906/3326793.shtml.

［34］李晓敏，李春梅. “一带一路”沿线国家的制度风险与中国企业“走出去”的经济逻辑[J]. 当代经济管理，2016，38（3）：8−14.

报告编号：TP2202

3 海洋环保的关键举措：建设国家海洋垃圾清运系统

李京梅　姜姗姗　赵亚楠

中国海洋大学经济学院

编者按

如果一条街道 7 天不清扫垃圾，就会脏乱无比。而每天有成千上万吨垃圾进入海洋，而且常年无人清理，海上垃圾问题非常严重。海洋垃圾污染海洋环境、破坏生态系统，已经成为海洋的公害，成为困扰人类发展的桎梏。海洋垃圾数量巨大，早已经无法依靠海洋的自净能力来削减海洋垃圾污染。该文提出了向海洋垃圾宣战的关键举措：建设国家海洋垃圾清运系统，可望成为国家实现海洋可持续发展的重要决策。

第一作者简介

李京梅，1966年生人，中国海洋大学环境科学专业博士，中国海洋大学经济学院教授，教育部人文社科重点研究基地海洋发展研究院高级研究员，博士生导师，美国康奈尔大学访问学者。研究方向为海洋资源环境经济与区域经济。目前，担任中国生态学会海洋生态经济专委会副主任、中国资源学会海洋资源专委会副主任、中国环境科学学会环境审计专业委员会委员、青岛市海洋经济智库专家成员、北太平洋科学组织（PICES）中国委员会人为因素（HD）分委会副主席。

随着我国社会经济的快速发展和沿海地区的城市化进程加快，海洋垃圾污染愈发严重，引发了水质恶化、生物资源锐减、生态服务功能下降等一系列生态问题，并通过食物链进入人体，对人类健康造成潜在威胁。本文以“保护海洋生态环境”为根本目标，针对现阶段海洋垃圾治理存在的监测体系不完善、清运手段技术水平低、垃圾上岸处理能力不足以及地方管理手段碎片化等问题，提出建设“国家海洋垃圾清运系统”政策，该政策主张：制订国家海洋垃圾污染防治专项行动计划；组建国家海洋垃圾清运部门和清运队伍；投入专业化海洋垃圾清运设备，提高清运效率；增设海洋垃圾监测站点布局，提高监测频次；推动海洋垃圾回收再利用。国家层面应重点在健全海洋垃圾污染防治法律体系、建立海洋垃圾清理可持续财政资金、支持海洋垃圾清运和监测技术攻关项目、开展国际合作探索“全球协力的海洋垃圾共防共治体系”等方面实施政策保障。

一 我国海洋垃圾污染现状

海洋垃圾污染是世界各国共同面临的问题和挑战，已成为全球治理的热点，被列为全球亟待解决的十大环境问题之一。

海洋垃圾是指在海洋和海岸环境中具持久性的、人造的或经加工的固体废弃物[1]，分布在岸滩、海面或者沉积到海底。2019年世界自然基金会统计表明，全球每年有近1 000万吨垃圾倾倒入大海，海洋垃圾污染严重（图1）。在遍及全球的海洋垃圾中，绝大部分都是塑料物质。2021年，联合国环境规划署发布报告显示，目前海洋中有7 500万至1.99亿吨塑料垃圾，日益增长的塑料用量更是加重了这种污染，如不采取有效干预手段，预计到2040年，每年进入海洋的塑料垃圾数量将增加近两倍。

海洋垃圾很难被分解，长距离漂移堆积会释放各种有害物质，造成水体污染、水质恶化。进入海洋的塑料垃圾会缠绕生物或者被生物误食，导致海洋生物大量死亡。海洋垃圾还会损坏船只和海岸设施，阻碍海上交通线，破坏海洋沿岸环境和滨海旅游资源。海洋垃圾碎片还能够携带病菌、病毒和有害物质，在不同海域之间传播，最终通过海洋生物链的循环危害

图1 海洋垃圾污染现状[2, 3]

人体健康。

海洋垃圾污染也是我国政府要优先考虑的环境事项。近年来，海洋垃圾污染总量呈上升态势。《中国海洋生态环境状况公报》数据显示，2015—2020年，我国海洋垃圾的平均数量从2015年的72 809个/平方千米增加到2020年的229 427个/平方千米，增幅达到215%，平均每年增长速度为64.71%，日均增长量约为86个/平方千米。其中，海滩垃圾增长率为213%，海面漂浮垃圾增长率为136%，海底垃圾增长率达到455%。同期，海洋垃圾平均分布密度也从386千克/平方千米增加到422千克/平方千米。海洋塑料垃圾中的新型污染物—微塑料[①]污染日趋严重。生态环境部海洋垃圾监测结果显示，2020年监测断面海面漂浮微塑料密度最高为1.41个/立方米，海洋微塑料污染形势不容乐观。总体上中国海洋垃圾数量庞大，清运能力严重不

① 微塑料：指直径小于5毫米的塑料碎片和颗粒。

足，海洋垃圾污染治理迫在眉睫。

大量研究显示，约有80%的海洋垃圾是陆源输入的，它们随着地表径流和风力进入海洋。另外，有渔船作业、航运等海上活动产生垃圾排放入海。沙滩岸边公众游客的抛弃物也是海洋垃圾的重要源头。

（1）河流输运

河流是陆源垃圾流入海洋的主要渠道。全球估计80%的海洋垃圾来自附近的河流[4]。Jambeck等[5]对192个国家沿海50千米范围内向海洋输入的塑料垃圾进行估算，得出2010年全球塑料垃圾入海通量为480万吨～1 270万吨。Meijer等[6]通过实测和建模得出超过1 000条河流的塑料垃圾年排放量为80万吨～270万吨，并认为城市小河流的污染最为严重。

（2）海上生产者行为

海上生产者行为尤其是渔业养殖活动、船舶和海上作业也是海洋垃圾的重要来源。渔业捕捞和养殖活动中产生的密封剂、储存盒、包装、浮标、绳索和线、渔网、各种类型的鱼钩和渔具等遗弃、丢失在海洋中（图2）。船舶和海上作业产生的生活垃圾，如包装、货物、油漆、报废拆卸等，也是海洋垃圾的重要组成部分。

（3）游客抛弃

海洋旅游业是现代旅游业中增长速度最快的产业。与此同时，在旅游季节，游客在滨海旅游期间乱扔在海滩或者近海中的垃圾（塑料瓶、饮料吸管、食品包装袋）都是海洋垃圾数量增加的重要原因。

图2　渔业生产大量使用的泡沫塑料浮标和绳索[2]

二 海洋垃圾对生态环境和人类的危害

海洋垃圾大多含有降解速率极慢的物质，不断丢弃的垃圾进入海洋，直接导致水质和沉积物质量下降，对海洋环境、海洋生物、海洋产业以及人类健康等都会产生极大的负面影响。

1. 海洋垃圾造成水体污染

海洋垃圾长期漂浮和浸泡在水中会慢慢腐烂变质，分解产生有毒有害物质和气体，造成水质恶化和水体污染[7]。除此之外，由于海洋塑料垃圾密度小，在浮力作用下长期漂浮在海面上，导致水面被遮挡，阳光难以折射入水中，阻碍绿色水生植物的光合作用，从而降低了海水的自净能力，易导致水体变黑、发臭，水质大幅度降低[8]。塑料垃圾还能够吸附持久性有机污染物，并在海洋环境中持续释放，造成局部水体污染。Derraik的研究显示，塑料垃圾是人工合成有机污染物多氯联苯（PCBs）等进入海洋环境中的主要载体[9]。

2. 海洋垃圾危害海洋生物多样性

海洋垃圾中的废弃渔具等会缠绕海豹、海龟等海洋生物，使其窒息或造成呼吸道阻塞，最终因受伤或饥饿而死亡[10]。每年约有13.6万只海豹、海狮、鲸类、海龟、海豚等大型海洋生物因被海洋垃圾困住而死亡，甚至其中大约10%为近危、易危、濒危或极危物种[11]，如图3所示。海洋中的小型塑料垃圾容易被海洋鱼类、哺乳动物和海鸟当作食物吞下。这些动物在摄取海洋垃圾碎片后，其消化道会堵塞，吞食能力受到损害，因饥饿或者受到垃圾碎片中的化学成分的影响而死亡。

图 3 海洋垃圾危害海洋生物种群[2, 3]

3. 海洋垃圾威胁人类健康

海洋垃圾通过食物链影响海产品质量，从而对人体健康造成潜在威胁。受海洋塑料垃圾污染的鱼、虾、贝类等海产品会携带邻苯二甲酸盐（Phthalates）、甲基汞（Methyl mercury）、双酚A（Bisphenol A）、阻燃剂（Flame retardants）和全氟化学品（Perfluorinated chemicals）等有害物质，在海洋生物体内富集，通过食物链进入人类体内，造成短期损害（如腹泻、扰乱人体内分泌等）和长期损害（如增加患心血管疾病和痴呆风险以及导致癌症等）[12]。

4. 海洋垃圾影响海洋产业可持续发展

McIlgorm等发起的一项针对亚太经合组织国家的研究表明，2015年，海洋产业因海洋垃圾受到的直接损失高达216.5亿美元，主要涉及海洋渔业、滨海旅游业以及航运业等[13]。

（1）影响养殖及捕捞产业健康与可持续发展

海洋垃圾中的塑料与微塑料垃圾可能会通过阻塞消化道，降低游泳速度，吸附污染物等方式降低鱼类存活率，从而降低养殖渔业的生产力和作业效率，影响海水养殖业的发展。海洋垃圾还可以降低捕捞渔业产量。对苏格兰渔船进行的一项调查显示，95%的渔船所使用的渔网曾被海床上的垃圾钩住而导致捕捞量减少，海洋垃圾对苏格兰捕捞渔业的经济影响平均每年约为1 200万欧元，相当于渔业总收入的5%[14]。

（2）破坏海滨环境和景观

海洋漂浮垃圾受潮流、风力和海岸地形的影响，经常会在部分海湾近岸海域聚集或上岸，影响海洋景观。Balance等的研究显示，当南非开普敦半岛（Cape Peninsula）每平方米的垃圾超过10个时，海滩游客将减少97%，并且海滩清洁支出约占开普敦半岛娱乐收入的20%[15]。

此外，近岸海域都存在向岸输送的波浪余流，会把固体垃圾推向近岸海域，形成垃圾的积聚，很难自然离开。即使有些海域很干净，也会存在垃圾在近岸积聚的现象，影响沿海居民的生活环境。

（3）影响航运安全，造成经济损失

不断丢弃的垃圾将在海洋上逐渐积聚，漂浮的大片塑料垃圾会与船舶碰撞、遮挡浮标等，阻碍船舶正常航行，严重时可能会缠结船舶的螺旋桨、传动轴等，威胁航行安全同时带来经济损失[16]。Hong等估计，由于废弃渔具的缠绕，每年给韩国海军舰艇造成的经济损失为9 760万美元[17]。

三 我国海洋垃圾污染治理现状及国外经验借鉴

1. 我国海洋垃圾污染的治理现状

我国一直在清洁蓝色海洋中积极作为。2007年，我国政府部门正式将海洋垃圾作为污染源纳入海洋生态环境状况调查范围内，逐步开展海洋垃圾治理工作。沿海地区采取了海洋垃圾监测、实行“海上环卫”制度进行海洋垃圾治理，并取得了一定的成效。近年来，政府部门高度重视海洋垃圾污染防治，其中海洋塑料垃圾污染防治任务纳入国家“十四五”海洋生态环境保护规划以及沿海地区“十四五”美丽海湾建设规划中。

（1）开展海洋垃圾监测工作

建立了国家和地方相结合的海洋垃圾监测体系。原国家海洋局于2007年开始组织各级海洋监测机构和地方海洋行政主管部门开展海洋垃圾监测工作，监测项目包括海面漂浮垃圾、海滩垃圾和海底垃圾的种类和数量。近年来，海洋垃圾监测工作逐渐完善，监测范围逐渐扩大到沿海9个省、2个直辖市和4个计划单列市，共约50个海洋垃圾监测区域，主要包括滨海旅游度假区、海水浴场等公众参与度较高的区域以及海水增养殖区、港口区邻近海域等海洋垃圾较多、并可能对所在海域或邻近海域的环境质量和海洋功能产生影响的海域（图4a）。2016年将海洋微塑料纳入海洋环境常规监测范围，并通过《海洋生态环境状况公报》定期向公众公布监测结果。根据2018—2020年《中国海洋生态环境状况公报》，2020年微塑料监测断面由2018年的4个增加为5个，主要在黄海、东海和南海北部海域开展微塑料垃圾监测工作，关注海洋微塑料垃圾污染情况（图4b），为沿海地

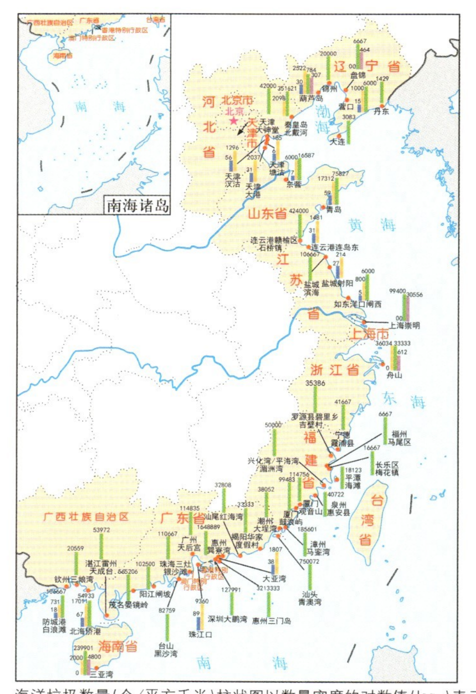

海洋垃圾数量（个/平方千米）柱状图以数量密度的对数值（$\log_{10}$）表示，
“0”表示监测区域未监测到海洋垃圾
目测调查漂浮垃圾 表层拖网调查漂浮垃圾 海滩垃圾 海底垃圾

（a）

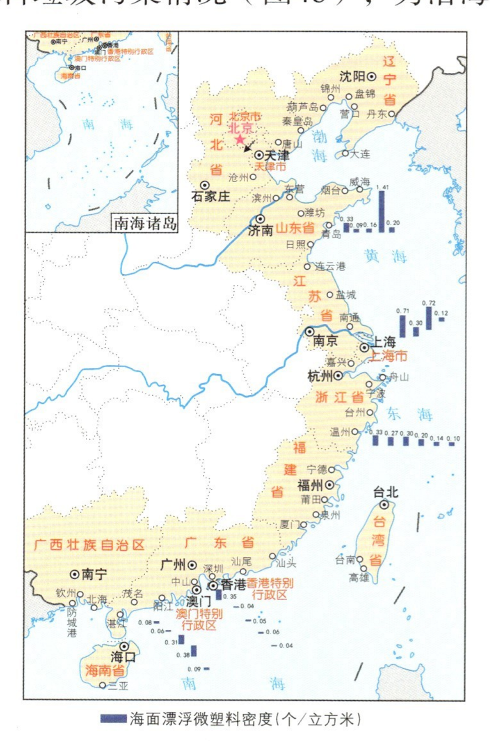

海面漂浮微塑料密度（个/立方米）

（b）

图4 2020年我国海洋垃圾和微塑料垃圾监测情况[18]

方政府及有关部门海洋垃圾污染治理提供各类基础数据。

（2）建立“海上环卫”工作制度

“海上环卫”是为强化对岸滩和近海海面垃圾清理而建立的一种专业的海上保洁工作机制。从2015年起，福建省、天津市、辽宁省、广东省、河北省、海南省、山东省等省市陆续开展了“海上环卫”工作制度。“海上环卫”工作将环卫清洁领域从陆地延伸到了海洋，实施区域为沿海岸低潮线向海一侧200米以及河流入海口、港口码头、近岸滩涂等。海上环卫制度奉行属地化管理和“谁使用、谁管理”的原则，海域有产权单位和使用人的，由产权单位和使用人自行负责近岸海域和滩涂垃圾的清理，对其他公共海域及沿岸的垃圾，由各区市县海洋发展与渔业局等相关部门负责。

（3）初步进行海洋垃圾上岸的分类处理

海南省、辽宁省等部分省市初步实施海洋垃圾分类回收制度，对打捞清理上岸的垃圾进行分类，塑料、木材、泡沫等以回收再利用为主，枯枝等无法再次利用的垃圾转运无害化处理，涉及危险物的交由有资质的单位处理处置，然后再并入陆地垃圾系统进行处理。福建省厦门市等地则是将打捞上岸的垃圾直接纳入陆地垃圾处理系统，按照陆地固体废弃物标准和程序进行处理。

（4）颁布与实施了海洋垃圾污染治理的相关法律条例

1982年制定的《中华人民共和国海洋环境保护法》，是海洋垃圾治理有法可依的开端。1985—1990年，我国分别针对海上活动产生的废弃物、船舶废弃物、陆源污染物等相继制定了《海洋倾废管理条例》《防止拆船污染环境管理条例》《防治陆源污染物污染损害海洋环境管理条例》（国务院令第61号），对海上垃圾倾废、拆船污染以及陆源污染物入海等方面进行法律约束。除了全国性法律法规条例，部分沿海省份也印发了有关海洋垃圾污染治理的地方条例。

（5）积极参与国际合作

我国还积极参与国际政府间组织以及双边、多边的海洋垃圾防治活动，如加入了东亚海和西北太平洋两个联合国区域海行动计划，参加三国环境部长会议（TEMM）与日韩国家就海洋垃圾污染问题开展合作，和加拿大政府签订了“关于应对海洋垃圾和塑料的联合声明”，在东盟与中日韩（ASEN+3）领导人会议上提出“海洋塑料废物合作行动倡议”等，积极开展并推动海洋垃圾国际合作。此外，我国还通过学术研究、能力建设、信息共享、公众参与等方面的交流合作，有效推动区域海洋环境保护。

2. 我国海洋垃圾治理存在的问题

虽然我国已初步采取了海洋垃圾监测、“海上环卫”制度等海洋垃圾治理相关举措，但与迅速增加的海洋垃圾总量相比仍存在很大的差距，不利于我国充分履行其在国际公约中的义务以及保护海洋生态环境。目前，我国海洋垃圾治理仍然存在以下问题。

（1）海洋垃圾监测体系不完善

一是海洋垃圾入海通量不明，现有的监测数据仅支持对海洋垃圾赋存现状的评估，无法估算河流、排污口、海上养殖和捕捞等输入垃圾的通量，导致海洋垃圾治理缺乏针对性。二是海洋垃圾的主要来源亟待查清，现有监测可通过成分鉴定初步判断海洋垃圾的可能来源，但对于典型海洋塑料垃圾，由于缺少针对不同塑料制品行业的调查数据，无法深入掌握不同流域和海上活动产生的塑料与微塑料垃圾的来源，制约了海洋塑料、微塑料管控措施的制定。三是海洋垃圾的迁移路径不清，海洋垃圾长距离漂移集聚，现有监测站位主要分布在海水浴场和近岸养殖区域，监测区域的选择较为片面，不足以支撑模拟和分析海洋垃圾的迁移路径与扩散范围。

（2）海洋垃圾清运手段技术水平、效率低

目前，在海洋垃圾清运中尚没有能够高效收集和清理海洋垃圾的装备，而多是依靠传统的人工打捞方法，费时费力、效率低。虽然个别地区已采用垃圾打捞船等专业设备打捞垃圾，但是这些设备的垃圾载重量较低、需要人工辅助等导致打捞成本较高。全国海面垃圾清运技术水平仍然处在较为原始和粗放状态。除此之外，由于海底垃圾定位与收集方法具有更高的技术难度和对底栖生物资源破坏的风险，尚未实施有效的海底垃圾清理工作。

（3）尚未建立一套完善可行的上岸垃圾处理系统

上岸海洋垃圾含有盐分、淤泥和有毒物质，如不科学处理直接掩埋易造成二次污染，导致填埋地区的土地盐碱化，甚至危害地下水质。目前国内沿海省份只对打捞上岸海洋垃圾进行简单分类或装入专用的垃圾集装

箱，纳入陆地环卫系统，集中进行填埋处置。有关海洋垃圾分类和专业处理技术的发展较为落后，缺失专业处理基础设施，尚未建立一套完善可行的闭环垃圾处理系统。

（4）缺乏海洋垃圾污染治理联防联动机制

一是海洋垃圾治理存在多头管理现象，受到海洋垃圾所处位置、具体类别、治理办法等因素影响，在治理时，会涉及环保、资源、生态、渔业、海事等部门。由于不同部门之间各自管理目标等方面的差异性，容易产生部分职能重叠或治理盲区，导致整体治理效率低下。二是各地方各部门对海洋垃圾防控和治理的政策制定和执行力度不一，缺少有效的国家层面监管。海洋垃圾的流动性、多源性以及缺乏统一管理导致地方开展海洋垃圾污染治理的成效尚不明显。

（5）海洋垃圾污染防治政策体系不健全

一是缺乏海洋垃圾污染防治的专项法律法规。虽然《中华人民共和国海洋环境保护法》对海洋环境保护做出了规定，但没有针对海洋垃圾的专门条款。除此之外，地方性法律法规也只是通过零星条例对海洋垃圾治理提出了相关要求，但由于地方政府出台的管理办法在法律位阶上属于地方规范性文件，适用效力低、范围窄。二是在内容方面，现行的法律法规只注重禁止海洋垃圾排放或对海洋垃圾排放行为进行罚款，而没有规定对海洋垃圾造成的污染进行治理与恢复[19]。

3. 海洋垃圾污染治理的国外经验借鉴

国外利用本国治理和区域合作相结合的方式开展海洋垃圾清理工作，采用高效收集和清理垃圾的技术设备，提高打捞效率，采用经济激励等手段约束引导生产者和消费者行为方式转变。借鉴国外海洋垃圾治理经验，对于提高我国海洋垃圾治理效率、净化海洋环境、维护生态健康具有重要意义。

（1）技术引领：海洋垃圾清运设备应用与垃圾分类处理实践

国外针对海洋垃圾清理已经研发并应用了较多先进设备，极大提高了打捞效率，主要包括拦截设备和打捞设备。其中，拦截设备有防止漂浮垃圾通过河流或河道进入沿海水域的“漂浮物围堵栏”（Floating debris containment boom）、“径流系统”（Storm Water Systems）等；打捞设备主要包括针对海面垃圾清理的“海洋垃圾桶”（Seabin）、U型漂浮装置（U-shaped floating devices）和多功能垃圾收集船（Multi-functional marine debris retrieval ship）等，这些设备清运成本较低，U型漂浮装置每清理一吨塑料垃圾仅花费15～150美元。某些设备还具备实时监测功能，可以收集海面污染指数等数据。

国外重视海洋垃圾资源化利用，开发多种垃圾回收分解技术。如2000年，韩国开始采用海洋垃圾预处理设备（Pre-treatment facility）用来清除海洋垃圾中的盐分、淤泥及其他有毒物质，将垃圾进行再加工便于回收利用。日本针对海洋垃圾的处理主要是通过技术手段回收利用。通过把聚乙烯、聚丙烯等废塑料加热到300℃，使之分解为碳水化合物，然后加入催化剂，即可合成苯、甲苯和二甲苯等芳香族化合物，作为化工品和医药品的原料及燃料改进剂。

（2）经济激励：建立“塑料银行”和使用补偿金等市场化手段

创新性采用经济激励方式，吸引公众参与垃圾治理。如成立“塑料银行”，鼓励人们回收塑料垃圾换取生活必需品。其主要运作方式是鼓励居民将收集到的海洋垃圾“存入”“塑料银行”，用于兑换学费、医疗保险、Wi-Fi、手机套餐等日常用品。这不仅能使公众获得奖励，还能实现海洋垃圾的回收利用。此方案最初在海地和菲律宾开设，随后扩大到巴西、印度尼西亚、南非、巴拿马等地区。

除此之外，政府给渔民发放补偿金是另外一种激励措施。渔民在执行拖网捕捞作业时，渔获物中经常混杂塑料瓶、塑料袋等海洋垃圾，如果带回岸上处理，还要加收处理费，所以渔民通常直接将垃圾扔回大海。2003—2007年，韩国政府推行了一项奖励方案用于清除沉积的海洋垃圾和废弃渔具，主要内容是向捕鱼期间收集海洋垃圾并进行分类带回港口的渔民支付补偿金，补偿标准按照每5美元/袋计算，极大地提高了渔民不乱扔废弃渔具、收集海洋垃圾的积极性。

（3）国际合作：基本形成各国政府参与的全球海洋垃圾治理格局

受季风、潮汐及洋流等因素的影响，海洋垃圾入海源头广泛，迁移路径复杂，加之污染外部性与海洋连通性叠加，使海洋垃圾污染成为一个全球性问题。国际社会展开了一系列合作，签订了许多具有代表性的国际公约，以共同解决海洋垃圾污染。例如，为了防止倾倒废弃物和其他物质污染海洋，1972年，英国、美国、俄罗斯等签署了《伦敦倾倒公约》（*London Dumping Convention*），要求控制任何有意在海上倾弃废物及其他物质的行为。2006年，在《伦敦倾废公约》基础上，俄罗斯等29个国家签署生效了更加严格限定允许倾倒入海的物质种类的《伦敦公约96议定书》，禁止海洋倾废行为，共同维护海洋环境。2014年，欧盟15个国家签订了《奥斯陆巴黎保护东北大西洋海洋环境公约》（OSPAR），防止来自陆地和近海设施排放的污染物和海洋倾倒废物污染海洋，保护海洋生态系统。2017年，二十国集团汉堡峰会通过了《海洋垃圾行动计划》（*Marine Debris Action Plan*），提出提高资源利用效率、可持续废物管理、全生命周期管控等一系列政策建议，减少海洋垃圾数量；2019年6月，二十国集团大阪峰会通过“蓝色海洋愿景”（Blue Ocean Vision）倡议，承诺在2050年前实现海洋塑料垃圾的“零排放”。除参与国际公约及区域性公约外，各国政府也积极参与区域合作，开展了一系列海洋垃圾污染治理的合作项目。例如，2019年挪威政府与中国、印度、泰国、缅甸及越南5国合作开展“海洋塑料垃圾中的循环经济机遇”（OPTOCE）项目，从河流、沙滩等塑料垃圾污染“热点”地区拦截回收废塑料并在当地高能耗产业进行能源化利用。同年，欧盟投入900万欧元启动了“重新思考塑料—循环经济解决海洋垃圾问题”项目，旨在向可持续消费和生产塑料过渡，大幅减少海洋垃圾。

四 我国海洋垃圾清运系统设计

如前所述，国家和地方政府对海洋垃圾已经开展了大量行之有效的工作，并进行了长期的努力。海洋垃圾并不一定是其所在海域周边的城镇排放的，有很大比例是来自河流输运或其他海域，将清理的责任和财政负担都由出现垃圾的地方政府承担并不合理，某些地方政府甚至承担不了，这也是海洋垃圾污染治理不善的原因之一。建设国家海洋垃圾清运系统就是要从国家层面统筹海洋垃圾治理，国家、地方、企业各司其职，实现海洋的净化。

1. 建立国家海洋垃圾管控体系

治理海洋垃圾不能仅仅局限于海域中垃圾的污染监测调查与打捞清理工作，还需要对陆地污染源及输出途经进行全面管控，实现海洋与陆地垃圾污染治理的统筹管理，联防联控。

（1）建立国家海洋垃圾治理联防联控系统

现在的海洋垃圾防控主要是地方自主管理的。我们的建议是：建立国家海洋垃圾联防联控系统。原因有：第一，垃圾在海上漂移，并不一定是当地排放的，需要跨省协调；第二，大部分垃圾来自流域，需要陆海统筹实现垃圾治理河海联动；第三，各地不能只顾责任海域，缺乏整体意识，需要统一环境标准，需要国家统筹领导；第四，收集与回收海洋垃圾需要完善的基础设施和巨大的投资金额，需要国家与地方协调解决；第五，海洋垃圾在洋流的作用下，可能来自域外国家，有时需要国家出面解决。

从全国一盘棋的视角看待海洋垃圾问题，本着陆海统筹、河海联动的原则，建立国家层面海洋垃圾综合治理机制，采取“岸上管、流域拦、海面清”的联动措施，实现跨区域、跨部门的陆海统筹管理目标。综合发挥生态环境部、住房和城乡建设部、流域海域局和省级生态环境部门以及其他行业、领域主管部门的职能，加强海陆生态环境的联动监测，重点探测海域各项生态指标的变化与海洋垃圾排放之间的联系，切实增强陆域监管与海上清理同步进行，实现对海洋垃圾的责任追溯。

地方政府应建立联席会议制度，定期召开海洋垃圾治理会议，协调解决海洋垃圾清运管理过程中的重点难点问题。以大数据为依托，实现海洋垃圾数据实时共享，通过政府门户网站、微博、微信等新媒体手段定期通报海洋垃圾清运情况。

（2）制订国家海洋垃圾污染防治行动计划

目前，我国尚没有针对海洋垃圾污染治理的专项规划或治理行动。按照统筹全局、重点突破、落实责任、合力攻坚的总体思路，建议生态环境部、住房和城乡建设部、自然资源部、发展改革委、农业农村部、交通运输部、水利部等部门联合制订《国家海洋垃圾污染防治行动计划》。内容包括：第一，建立跨部门、区域、流域的海洋垃圾防治综合协调机构，推动海洋垃圾治理联防联控工作，将垃圾治理政策融入各个部门的政策中，并协调有关部门和沿海地方政府履行职责；第二，构建“源、汇”双截留的海洋垃圾管控防治机制，从源头上防止陆源垃圾入海，同时加强沙滩、岸线和海上清理；第三，加强对海洋垃圾的来源、输移路径和环境归趋及其对生态环境影响评估研究；第四，重点关注河流、沿海船舶和渔业活动产生的塑料垃圾污染治理；第五，鼓励社会组织、团体和公众开展清理行动，倡导绿色消费，减少一次性的塑料包装和产品的使用；第六，实施我国海洋垃圾的资源化和无害化处理。

（3）组建海洋垃圾清运部门和专业化清运队伍

由住房和城乡建设部牵头，生态环境部、自然资源部、发展改革委、农业农村部等参与共同设立国家海洋垃圾清运部门。国家海洋垃圾清运部门负责从源头治理、海上清运、上岸处置等环节的统筹规划设计。各地区海洋垃圾清运分支部门负责推进城乡生活垃圾、工业固体废物、农业废弃物等垃圾的源头管控，抽调人员组建专门的海洋垃圾清运队伍，负责岸—滩—海全方位垃圾拦截、打捞、运输、分类、处理等工作。设立基层湾长、河长，严格落实片区、浴场、渔港、河口属地垃圾清运和管理职责。建立完善的沙滩保洁、海洋垃圾清理等常态化监管体制和工作机制。培养专业化、年轻化、技术化的海洋垃圾收集、清运、分类处理人员，实现海洋垃圾清运科学化、高效化，提高海洋垃圾清运效率。

（4）开展海洋垃圾污染治理成效评估工作

建议国家编制出台《海洋垃圾污染治理成效评价办法》，对海洋垃圾污染治理主体责任落实、海洋垃圾收转运体系稳定运行、海洋垃圾上岸分类、回收利用等情况进行全面评价；出台并实施《海洋垃圾污染治理责任问题处理办法》，对主体责任严重不落实、治理成效严重不到位的，由相关管理部门按照干部管理规定严肃问责。

（5）采用先试先行、逐步推广的策略

开展重点海域建立海洋垃圾清运机构试点工作。选择渤海、长江口-杭州湾、珠江口等垃圾分布密度较大海域，开展建立海洋垃圾清理试点工作。在试点地区开展区域基线调研，进行我国近海海洋垃圾和塑料污染来源、输移通量及其生态环境影响评估研究。开展海水浴场、滨海旅游度假区周边入海垃圾污染源排查整治，加强入海垃圾通量监测预报和信息发布。研发海洋垃圾收集、循环安全处置技术与设备，建立海洋垃圾回收资源化方案与示范点等，并逐步推广到全国海域，为我国海洋垃圾污染综合防治和参与全球海洋垃圾治理提供经验和示范。

（6）推动展开海洋垃圾的生态损害评估

制定海洋垃圾生态损害评估指标体系，建立海洋垃圾的生态损害评估等级标准，开展海洋垃圾生态损害评估研究与管理实践。将垃圾污染程度和生态损害指数分为轻微、中等、明显、严重、极严重等多个等级，评估污染物及其转化产物对海洋生态系统和人类健康的影响，提升对海洋垃圾污染问题的科学认知，并为后续海洋垃圾污染治理方案制定提供精准数据和资料支撑。

2. 建立海洋垃圾跟踪监测和清运处理业务体系

实施海洋垃圾跟踪监测，及时掌握海洋垃圾分布的数量和流向等信息，确保信息在不同部门和区域之间的准确、高效传递，建立国家层面海上垃圾清运系统，是提高海洋垃圾治理效率的关键之举。

（1）开展海洋垃圾常态化监测与专项监测

建设统筹全局和重点突破相结合的海洋垃圾监测体系，开展垃圾常态化监测，充分发挥地方的监测能力，及时获取当地海洋垃圾基础信息（类型、来源、数量、分布规律等）后，完善已有海洋生态环境监测体系，为海洋垃圾管理提供科学全面的数据信息服务。

增加海洋垃圾监测站点布局，开展海洋垃圾常态化监测。在现有的海洋垃圾监测站点的基础上增设监测站点，即除了对滨海旅游度假区、海水浴场、海水增养殖区、海洋生态保护区及港口等海洋垃圾监测站点实行常态化监测外，增加并重点部署入海河口、排污口等监测站点。例如，在陆源入海口位置加装摄像装置，全面监测来自河流、排污口等陆源和海上养殖和捕捞等垃圾通量，根据通量监测结果追根溯源，从源头上进行垃圾监控治理，实现流域海域无缝衔接，做到标本兼治。提高海洋垃圾监测频率，由每年一次海洋垃圾监测改为每月一次，以评估监测区域内海洋垃圾的总量随时间的变化情况。

拓展海洋垃圾监测技术手段，利用无人机跟踪监测、遥感卫星手段以及引入物理海洋水动力模型监测等，提高海洋垃圾监测的精确度。引入海漂垃圾漂移轨迹预测系统，建立精细化三维海洋动力业务化模型，开发地理信息（GIS）辅助决策系统，充分考虑当日以及未来24小时的风场、降雨、潮汐等要素过程，对海洋垃圾的漂移时间、漂移路径、漂移位置、分布区域进行预测。

开展海洋塑料垃圾专项监测。海洋塑料垃圾占全部废弃固体垃圾的80%[2]。鉴于当前塑料污染的普遍性和严重性，建议制定标准化、统一的海洋塑料垃圾污染机理、监测和防治技术，从重点生态保护区着手，对河口、海湾及潮滩湿地等生态区进行塑料垃圾专项监测，调查我国河口、海湾及潮滩湿地中塑料垃圾的排放通量与时空分布规律，解析重点生态保护区域的塑料污染源等，为海洋塑料污染源头控制与消减管理对策制定提供科学依据。

建立海洋垃圾监测数据信息处理服务系统。应用云计算、大数据及人工智能等先进技术，搭建海洋垃圾监测可视化、智能化网络平台，整合和存储各地区、各监测网点监测数据，打造海洋垃圾数据信息库，实现信息实时更新和动态共享。由生态环境部部门定期发布《中国海洋垃圾监测报告》，为各级政府调整和优化海洋垃圾治理策略提供技术参考。

（2）开发并投入使用海洋垃圾清运设备

海上垃圾数量巨大，绝不是几条小船就可以清理的，需要引起高度重视。如果垃圾清运能力跟不上，无法使垃圾总量减少，实现不了既定目标，海上垃圾还会越积越多。我国现有的海上垃圾清理能力严重不足，需要在海上垃圾清运能力建设方面付出更多的努力。

建造海上垃圾打捞船，既可以在水深两米的浅滩和港口清除海上垃圾，也可以在领海和专属经济区范围进行垃圾清理作业。海洋垃圾打捞船配备垃圾机械打捞设备、负压抽吸设备、垃圾收集网、海底垃圾探查设备、自动清洗设备等，对海洋垃圾进行打捞、收集、清洗和压缩，有效提高海洋垃圾打捞效率。海上垃圾打捞船需要较大的垃圾承载空间，以保证可以容纳当日打捞的垃圾。

在河口安置漂浮物阻拦网等，收集通过河流或河道进入沿海水域的垃圾。同时在码头或港口近岸海域安装海洋垃圾桶，在海面上安装防污染拖网，收集海面上的漂浮废物，如藻类、石油、塑料等。

自主研发能够收集海底垃圾的专用设备系统，进行海底垃圾探查–清理一体化作业，提高海底垃圾清理技术水平，填补我国海底垃圾收集和处理的空白。

在滨海旅游度假区、海水浴场、海水增养殖区、海洋生态保护区等垃圾分布的密集区域投放海洋垃圾收集桶、海洋垃圾清扫船等海上保洁装备，增强垃圾清理与拦截技术，提高海洋垃圾清运效率。

（3）实施海洋垃圾清理作业

海洋垃圾清理作业分为两部分内容：沿岸垃圾清理和海上垃圾清理。沿岸垃圾清理要有专门的队伍，在每天落潮期间收集登陆的垃圾并运送到指定堆放场。要在人员密集的海滨设立垃圾桶等设施。沿岸垃圾要每天清运，确保海滩清洁。沿岸垃圾清运空间范围不仅包括市区海滨，还包括郊外海滨。在有条件的地区，沿岸垃圾清理可以纳入陆上环保系统。

海上垃圾清理需要由船只在海况良好的条件下施行。海上垃圾包括漂浮垃圾、悬浮垃圾和海底垃圾。对漂浮垃圾采用打捞、网捕、泵吸等方式收集；对悬浮垃圾需要网捕；对海底垃圾需要采用探查–清理一体化设备进行清理。

漂浮垃圾会随波逐流，要做到见到即前往清理。这就需要在重点河口附近、沿岸流域、海湾外围安置“漂浮物围堵栏”“径流系统”等垃圾拦截设备，阻挡垃圾的漂流；定期派船收集，对垃圾量大的海域要每天清理。

海底垃圾的清理难度很大，需要先进装备的支持。清理海底垃圾首先要考虑其对海洋生态系统的影响，尽量减少对底栖生物的损害，不能采用底拖网等平推式装备，应该采用探查–清理一体化设备，做到发现、清理、上船同步实现。在策略上要按规划分区清理，每次出海清理几个分区，做到密集扫描、全面清理、不留死角。为了保护底栖生态系统，不能频繁进行清理，具体方案按照垃圾累积量制定。

（4）加强海洋垃圾上岸处理能力建设

强化海洋垃圾上岸处理能力，实现海洋垃圾回收利用的闭环管理。

加强对海洋垃圾收集基础设施的投资，选址建设一批上岸垃圾临时堆场。堆场应具有垃圾分拣和转运功能。堆场应具备船舶装卸条件和陆上运输通道，应远离学校、医院、居民区等环境敏感目标，也要远离海上养殖集中区、重点渔港区。垃圾在堆场的滞留时间一般不超过2天，以避免垃圾腐烂变质。

在堆场对上岸的海洋垃圾进行预处理，进一步实施垃圾回收利用。首先对海洋垃圾进行分选、切割、铅分离、破碎和脱盐等预处理。然后将海洋垃圾按照可回收的资源垃圾和不可回收垃圾进行分类。分类后的垃圾运送到不同的地方。其中可回收的资源垃圾（包括塑料垃圾、废弃金属与玻璃制品等）交给垃圾回收企业生产再生资源（固体燃料、钢钉、玻璃容器等），实现海洋垃圾资源化利用；对可燃烧的不可回收垃圾送到当地的垃圾焚化系统进行焚烧发电，再将焚烧后残渣进行填埋处理。对不可燃烧的不可回收垃圾则直接进行粉碎并送到垃圾填埋场。借鉴陆地垃圾处理经验，强化海洋垃圾焚烧处理产生热能、蒸汽和炉渣的综合利用，推广热解法等支持发展垃圾生物制品，推广海洋垃圾堆肥、沼液、沼渣等产品在农业、林业生产中的应用，最大限度提升资源利用能力和水平。除此之外，研发海洋垃圾资源化利用技术，如垃圾高效分离与分选技术、有机易腐垃圾高值利用（生物精炼）技术等，推动海洋垃圾精细化回收升级再利用水平。

3. 调动企业和公众积极参与

可以借助市场化手段弥补政府政策治理的资金不足以及调动企业、公众主动参与污染治理。

（1）实行海洋垃圾费征收制度

参照陆上垃圾收费制度，建议由生态环境部会同财政部门出台《海洋垃圾费征收使用管理条例》，按照一定比例，对企业征收海上垃圾清运费。征收的海洋垃圾费纳入国家财政预算，作为海洋垃圾清运资金，按专款资金管理，由环境保护部门会同财政部门统筹安排使用，实行专款专用，保护海洋环境。

探索建立沿海地区海洋垃圾全员收费制度，逐步对沿海居民全员收取海上垃圾清运费，用于海洋垃圾的收集、运输和处理。综合考虑沿海地区当地经济发展水平、居民承受能力、垃圾处理成本等因素，合理确定收费标准。实际上海上垃圾清运费不用很高，以每人每月缴费5元为例，对于一个500万人口的城市，每月可获得2 500万元的资金投入海洋垃圾清理。此外，建立健全海洋垃圾收费监督体系，确保垃圾收费的各个环节公正透明。建立海洋垃圾收费的价格听证制度，接受全社会对于海洋垃圾收费的监督，通过信息透明和信息公开，有利于提高企业、居民对海洋垃圾收费的接受度。

（2）组织志愿者捡拾海滩垃圾，开展公众教育

积极开展对海洋垃圾污染治理的公益活动，针对各个年龄段的人群，推动中短程体验式宣传教育，鼓励和招募志愿者加入打捞近海垃圾和海滩垃圾的志愿活动中。

建立多元化、大众化、专业化的成年志愿者队伍，以辖区内海洋垃圾清理、海洋环境保护宣传为主要内容，向社会公众宣传海洋垃圾的危害和海洋环境保护的重要性，以行动号召更多的居民以主人翁的身份关注并参与到海洋垃圾治理的志愿活动中来。推动民间海洋环保团体的组织或社区组织（如业主管委会、居民社区委员会等）在节假日或休息日进行海边净滩活动。

走进校园，在校园中张贴海洋垃圾治理相关主题的宣传标语、开展海洋环境保护系列讲座，广泛宣传海洋环境保护与垃圾治理相关知识。同时建议将海滨分段包给中小学，组织中小学生轮流参与海滨垃圾捡拾作业，对海边的泡沫、废铁、塑料袋、玻璃瓶、纸张、木头和织物等进行识别、收集，既有清理价值，又有教育意义，还可以减少政府清理开支。

4. 海洋垃圾清运系统运行的保障政策

建立国家海上固体垃圾清运系统，必须有相应政策保障以及综合协调机制配合，才能实现清运系统的高效运转。

（1）立法保障，健全海洋垃圾治理法律体系

第一，完善现有垃圾治理法律法规制度体系，制定与实施《海洋垃圾

防控管理办法》《海洋垃圾污染治理指导条例》《海洋垃圾污染治理成效评价办法》等法律法规文件，确定海洋垃圾防控手段以及对海洋垃圾治理主体的界定、对海洋垃圾污染行为主体的惩处、规范海洋垃圾治理行为。第二，在管理体制上，建议各地方政府以及政府各部门通力合作，联动治理海洋垃圾。根据海洋垃圾的来源广泛与流动性强等特点及各部门的职能特征，进一步厘清各部门之间的权责关系，明确各自的任务分工；运用多媒体的政务系统，创新合作模式，通过各部门间联动治理的方式，尽可能突破传统的部门分割、地域分割的局面，进而有效推进海洋垃圾治理各项工作的落实。

（2）资金保障，建立海洋垃圾清理专项资金

建立国家与地方相结合的可持续的海洋垃圾治理财政支持体系。第一，沿海地方设立海洋垃圾清理专项资金，由沿海地方按规定统筹上级转移支付和自有财力，加大财政投入力度，保障垃圾清运专项经费。第二，拓宽海洋垃圾治理资金融资渠道。鼓励并规范通过政府和社会资本合作、政府购买服务、垃圾废物处理的企业合作、生态环境导向的开发（EOD）模式等方式，吸引社会资本参与海洋垃圾污染治理行动。第三，依据“谁使用、谁付费”原则，逐步对沿海居民和企业收取海上垃圾清运费。一方面，参照陆上卫生收费制度，对居民收取海洋垃圾清运费。针对企业违法排污行为进行收费行政罚款。所收费用并入海洋垃圾清理专项基金，用于海上垃圾清理事业。第四，增加专项海洋生态环境治理基金类别。建议由中国海洋发展基金会主导，在海洋垃圾污染治理、科学研究等相关领域设立专项基金，用于海洋垃圾污染环境治理。

（3）技术支撑，加强海洋科技投入，增强海洋垃圾污染治理能力

加强海洋科技投入，提高垃圾清运技术水平，增强海洋垃圾污染治理能力。第一，将“建立国家海洋垃圾清运系统”科技需求纳入国家重点研发计划项目、沿海省市重大科技项目等，对海洋垃圾监测、打捞清运、陆上处理技术等实施联合科技攻关，重点对遥感监测、漂移模型、海底垃圾打捞、塑料垃圾快速降解和综合利用等垃圾治理关键环节开展技术攻关。第二，开展重点海域建立海洋垃圾清运机构试点，研发并投入使用新型的海上垃圾打捞设备，积极推动海洋垃圾治理相关科技成果转化和示范推广。第三，建立健全海洋垃圾治理科技创新体系，扶持海洋垃圾监测、清运、上岸处理等科技研究，强化科技创新人才培养与引导，建立可持续输出的海洋垃圾污染治理科技创新人才资源库和研发团队。第四，建立“海洋垃圾科技创新发展基金”，完善研发投入激励与补贴机制、为海洋垃圾治理技术研发提供资金保障。

（4）公众教育，提升海洋环保意识

增强公众对于海洋垃圾治理的认识水平，加强海洋垃圾防治宣传教育和公众参与。一是要应加大相关海洋垃圾与塑料污染的科普宣传，促进公众参与海洋垃圾与塑料污染治理活动。生态环境部以及地方海洋垃圾行政主管部门可以在世界地球日、海洋日、国际海滩清洁日等节日，宣传海洋垃圾与塑料污染的危害，唤起公众对塑料的重视与防治意识，自发参与海洋垃圾污染治理行动。二是完善海洋垃圾治理信息披露制度，强化海洋垃圾管理监督机制。加强相关海洋环境保护的门户网站中海洋垃圾治理的板块建设，即时发布各项治理政策、实施进展、专家建议等，提高海洋垃圾治理信息公开效率，保证公众及时、准确地了解海洋垃圾污染治理情况。三是完善公众参与方式。建议采用互联网与座谈会与听证会相结合的方式，使公众更便捷地应用自身参与权利，克服因信息不对称和不充分所引发的消极参与现象。

（5）建立海洋命运共同体，探索“全球协力的海洋垃圾共防共治体系”

与其他国家合作，在热点区域共同开展海洋垃圾调查研究，系统分析大洋和极地区域等全球重点关注的海洋垃圾污染问题，深度参与公海保护区建设和南北极海洋环境保护工作。在海洋命运共同体理念指引下，深度参与全球海洋环境治理行动，提升国际公约履约能力。充分利用联合国大会、联合国环境大会、海洋法公约缔约国会议、海洋法非正式磋商进程等平台，提出合作共赢的中国方案，引领全球海洋环境治理规则的发展方向。充分利用东亚海环境管理伙伴关系计划（PEMSEA）、东亚海协作体（COBSEA）西北太平洋行动计划（NOWPAP）等区域组织的平台，共享认识，共同提升监测、应对和治理海洋垃圾污染的能力，打造人类命运共同体。

综上，针对国内当前在海洋垃圾污染防治与管理实践中存在的问题，借鉴国外治理经验，从海洋垃圾治理管理体系、执行体系与支撑体系等方面入手构建海洋垃圾清运系统（图5），为我国海洋垃圾科学有效管理提供参考。

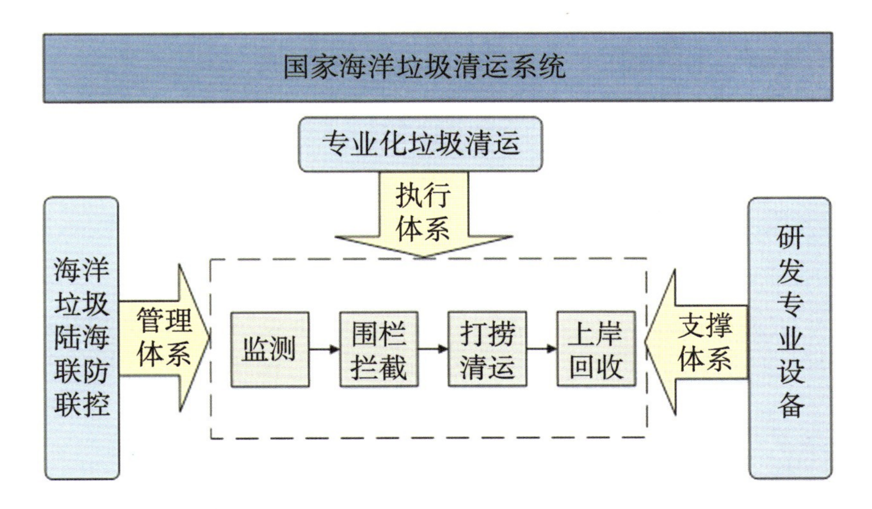

图5　海洋垃圾清运系统构建示意图

引文索引

[1] UNEP. Marine Litter：A Global Challenge（2009）和 Marine Litter：An Analytical Overview（2005）.

[2] UNEP. From Pollution to Solution：A Global Assessment of Marine Litter and Plastic Pollution[R]. Nairobi：UNEP，2021.

[3] 世界自然基金会（WWF）. 塑料的社会、环境和经济成分析[R]. 2022.

[4] Araújo M C，Costa M. An analysis of the Riverine Contribution to the Solid Wastes Contamination of an Isolated Beach at the Brazilian Northeast[J]. Management of Environmental Quality：An International Journal，2007.

[5] Jambeck J R，Geyer R，Wilcox C，et al. Plastic Waste Inputs from Iand into the Ocean[J]. Science，2015，347（6223）：768−771.

[6] Meijer L J J，van Emmerik T，van der Ent R，et al. More than 1000 Rivers Account for 80% of Global Riverine Plastic Emissions into the Ocean[J]. Science Advances，2021，7（18）：eaaz5803.

[7] 刘璇，孙鑫，朱宏楠，甘甜，赵昀.我国近海漂浮垃圾污染现状及应对建议[J].环境卫生工程，2021，29（05）：23-29.DOI：10.19841/j.cnki.hjwsgc.2021.05.004.

[8] Viehman S，Vander Pluym J L，Schellinger J. Characterization of Marine Debris in North Carolina Salt Marshes[J]. Marine Pollution Bulletin，2011，62（12）：2771-2779.

[9] Derraik J G B. The Pollution of the Marine Environment by Plastic Debris：A Review[J]. Marine Pollution Bulletin，2002，44（9）：842-852.

[10] Guzzetti E，Sureda A，Tejada S，et al. Microplastic in Marine Organism：Environmental and Toxicological Effects[J]. Environmental Toxicology and Pharmacology，2018，64：164-171.

[11] Boerger C M，Lattin G L，Moore S L，et al. Plastic Ingestion by Planktivorous Fishes in the North Pacific Central Gyre[J]. Marine Pollution Bulletin，2010，60（12）：2275-2278.

[12] Landrigan P J，Stegeman J J，Fleming L E，et al. Human Health and Ocean Pollution[J]. Annals of Global Health，2020，86（1）.

[13] McIlgorm A，Raubenheimer K，McIlgorm D E. Update of 2009 Apec Report on Economic Costs of Marine Debris to Apec Economies[J]. A Report to the APEC Ocean and Fisheries Working Group by the Australian National Centre for Ocean Resources and Security（ANCORS），University of Wollongong，Australia，December，2020.

[14] Galimany E，Marco-Herrero E，Soto S，et al. Benthic Marine Litter in Shallow Fishing Grounds in the NW Mediterranean Sea[J]. Waste Management，2019，95：620- 627.

[15] Balance，A.，Ryan，PG and Turpie J K. How Much is a Clean Beach Worth? The Impact of Litter on Beach Users in the Cape Peninsula，South Africa[J]. South African Journal of Science，2000，96（5）：210-213.

[16] Cho D O. Challenges to Marine Debris Management in Korea[J]. Coastal Management，2005，33（4）：389-409.

[17] Hong S，Lee J，Lim S. Navigational Threats by Derelict Fishing Gear to Navy Ships in the Korean seas[J]. Marine Pollution Bulletin，2017，119（2）：100-105.

[18] 中华人民共和国生态环境部 . 2020 年中国海洋生态环境状况公报[R].2021.

[19] 张栋琦 . 我国海洋垃圾立法存在的问题及解决对策[J]. 法制与经济，2016（10）：119-120.

报告编号：TP2105

墨西哥湾溢油事件对我国渤海石油开发的启示

庄光超　李　丽

中国海洋大学海洋化学理论工程与技术教育部重点实验室

2010 年发生的美国墨西哥湾溢油事件是迄今为止最大的海上溢油事件之一，该事故造成了美国历史上最严重的生态灾难。原油泄漏导致海洋环境遭到巨大破坏，海洋生物大量死亡，甚至威胁人类健康，其所造成的危害具有持久性，产生的损害可能要持续数十年。我国渤海油气开发产业方兴未艾，油气产量越来越高、开采规模越来越大，溢油事故的风险也不断加大。本文全面分析了墨西哥湾溢油事件对我国渤海石油开采的警示作用，针对渤海石油开发及海洋环境管理提出一些未雨绸缪的建议和具体的对策。

第一作者简介

庄光超，1985年生人，德国不来梅大学博士，美国佐治亚大学博士后，中国海洋大学海洋化学理论工程与技术教育部重点实验室教授、博士生导师，国家级青年人才项目特聘教授，山东省泰山学者青年专家。主要从事海洋环境化学、海洋生态学及海洋生物地球化学等方面的研究，作为骨干成员参与了墨西哥湾溢油事件对海洋生态系统影响的重大研究项目，多次参加墨西哥湾溢油后海洋生态环境监测航次，近年来在国际一流海洋学、地学、微生物学等杂志上发表论文近30篇。

随着经济社会的高速发展，我国对能源的需求越来越高，陆上石油资源日益紧缺。20世纪60年代开始，我国开始尝试进行海上石油开发。渤海海域面积7.3万平方千米，其中约4.3万平方千米的矿区面积可以进行勘探，累计探测天然气地质产量近5 000亿方、石油地质储量超44亿吨，油气产量超过4.93亿吨[1]。作为我国海洋石油工业的发源地，渤海油田投产50多年来，已开发海上油田50多个，石油平台180多个，采油井2 000多口。渤海油田是迄今为止我国最大的海上油田，同时是我国第一大原油生产基地，年产原油量超过3 000万吨，并有望在2025年油气总产量达到4 000万吨以上[1]。自开采以来，渤海油田带来了非常可观的社会和经济效益，在保障我国能源安全和推动经济社会发展方面发挥了重要作用。

全球能源需求的增加导致了原油的海洋勘探、生产和运输的增加，从而增加了海洋中石油泄漏的风险，直接造成世界范围内溢油事件的频繁发生。2010年美国墨西哥湾“深水地平线”（Deepwater Horizon）钻井平台石油泄漏事件是美国最严重的一次漏油事故，造成了美国历史上最大的生态灾难，也为世界各国的石油开采敲响了警钟。渤海的封闭性远大于墨西哥湾，环境自净能力差，一旦发生大规模溢油事故，其危害会更加严重。因此，墨西哥湾溢油事故对我国渤海石油开发有很好的警示作用，科学总结经验、吸取教训，提前做好防范措施，对于避免溢油事故悲剧的再次发生具有重要意义。本报告通过对比墨西哥溢油事件，全面分析了海上溢油危害及对渤海石油开发的警示及启示作用，针对渤海石油开发及海洋环境管理提出一些相关的政策建议。

一 2010年墨西哥湾溢油事件回顾

墨西哥湾是一个半封闭的海域，覆盖面积超过150万平方千米，拥有6 000多千米的海岸线。墨西哥湾沿岸有众多河流汇入，拥有广泛的障壁岛分布，岸边有浅滩、湿地、沼泽、盐沼及红树林等多种生态系统。墨西哥湾北部沿岸有大量泥沙随密西西比河流入海湾，形成了巨大的河口三角洲。墨西哥湾沿海湿地是候鸟的重要栖息地，是众多珍稀濒危物种的家园，鱼类和水产资源丰富，其河口是具有重要经济价值的商业和休闲渔业区，是区域经济的重要组成部分。另外，墨西哥湾是一个天然碳氢化合物盆地，海底蕴藏着大量的石油和天然气。从20世纪30—40年代，美国开始对墨西哥湾的油气资源进行开发利用，并由早期的浅水开发逐渐向深海开采过渡。墨西哥湾是美国海上石油和天然气的主要来源，美国近一半的炼油和天然气作业位于墨西哥湾沿岸。

2010年4月20日，位于美国墨西哥湾北部沿岸路易斯安那州80多千米处隶属英国石油公司的海上钻井平台发生爆炸（图1）并引发火灾，造成11名工作人员死亡[2]。随后，钻井设备沉没，立管破裂，平台的油井出现井喷，许多原油泄漏进入海洋（图2）。漏油事件持续80多天，累计漏油500多万桶，浮油面积超过数十万平方千米[3, 4]。此次溢油是海上油气行业历史上最大的事故，是首次发生在500米以上深海的作业事故，处理技术难度、持续时间、影响规模等都远高于以前发生的所有溢油事故，同时也是第一起对深海海洋环境产生巨大影响的重大事故。大量气体和溶解碳氢化合物从破裂的立管中释放，在1 000多米的水深中形成溶解碳氢化合物羽流，从而对深海生态环境产生难以估量的影响[5]。石油泄漏使受污染海域的大量海洋生物受到严重的生存威胁，造成了近百万只海鸟[6]，几千只海龟及相当数量的海豚等动物死亡[7, 8]。在油井泄漏的近3个月内，原油中挥发性和可溶性较低的成分在海面上聚集，并通过海流逐渐扩散至80千米以外的墨西哥湾北部海岸和滩涂上[9]，对盐沼、海草床、红树林和珊瑚礁等敏感的潮间带和近岸环境造成短期内难以修复的破坏。另外，为了处理泄露的原油，海洋中喷洒了大量的分散剂，混合了分散剂的石油最终沉积在墨西哥湾的湿地、海滩和深海沉积物上。沉积后的石油影响底栖深海生态系统，在墨西哥湾1 500米以下的深海冷水区，大量珊瑚因被石油覆盖濒危或死亡[7, 10]。海底自然恢复能力非常缓慢，有研究表明，漏油事件发生4年后，仍有大量石油在海底被发现，其总量大约是其原始规模的一半[11]。除此之外，这次漏油事件给墨西哥湾沿岸地区的旅游业、捕捞业、船运等经济产业也造成了严重的影响和破坏。

图 1　墨西哥湾“深水地平线”钻探平台发生爆炸[①]

图 2　大量原油泄漏[②]

二　渤海溢油风险离我们有多远

随着渤海油田油井数量和采油规模的不断扩大，海上溢油事故的风险也不断加大。油气开采行动和海上石油运输引起的溢油事故频发，许多原油泄漏到大海，严重影响周边海洋环境，石油污染已经成为渤海生态环境的重大隐患。渤海海底输油管道很长，经过几十年的开发运行，众多海洋石油勘探开采设施存在着溢油风险和隐患。2008—2010年，每年渤海发生

① https：//www.vox.com/2014/9/4/6105841/bp-is-found-grossly-negligent-for-its-role-in-the—2010-gulf-spill

② https：//biologix.ie/oil-spill/gulf-oil-leak-spills-much-more-than-thought/

溢油事件4～12起，年平均发生溢油事件9.3起[12]。

2011年6月，位于渤海的由中国海洋石油总公司和美国康菲石油中国有限公司合作开发的蓬莱19–3油田钻井平台发生漏油事件[13]。由于石油公司未及时对溢油进行排查、封堵和处置，渤海溢油事故发生半年后，漏油并没有停止，钻井平台周围仍有浮油溢出。调查显示，该溢油事件所造成的污染面积从最初的800多平方千米扩大到6 000多平方千米（图3），污染海域面积已超过渤海湾总面积的三分之一，到目前为止，这是渤海海域规模最大的一次溢油事件[14]。

渤海平均水深18米左右，一半以上海域水深小于20米[15]。渤海三面环陆，是一个近封闭的内海，地势由辽东湾、莱州湾、渤海湾三湾向渤海海峡呈倾斜态势，仅东部通过渤海海峡与外海连接，最窄处只有106千米。因此，渤海的封闭性远大于墨西哥湾，与外围水体交换能力弱，环境自净能力相对较弱。而环渤海地区经济发达，人口密集，油田、化工企业众多（图4）。溢油事故一旦发生，受渤海水文、潮流及潮汐余流等特点影响，油污会迅速扩散，污染面积不断扩大，并会在几天之内到达海岸线，不但会给海洋养殖及其他经济产业带来巨大损失，更重要的将会对渤海生态环境造成难以估量的灾难性损害。可以预计，渤海一旦发生大规模溢油事故，其带来的危害及造成的损失可能会远大于墨西哥湾溢油事件。墨西哥湾溢油事故造成的损失足够触目惊心，而渤海已经出现了溢油事故，未来仍有发生溢油事故的极大风险，需要引起全社会的高度关注和重视。

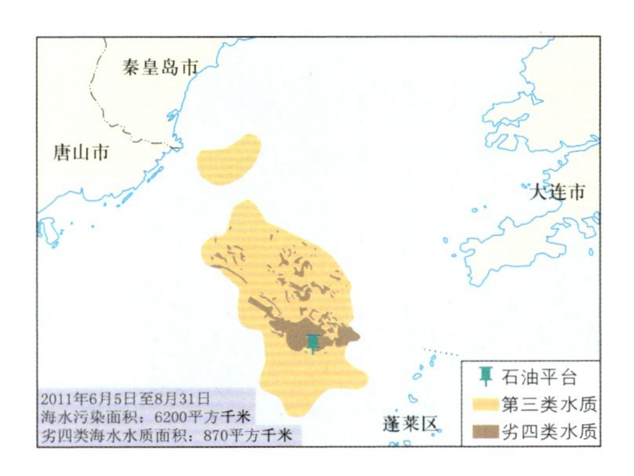

图3　2011年蓬莱19–3油田溢油事故污染面积[15]

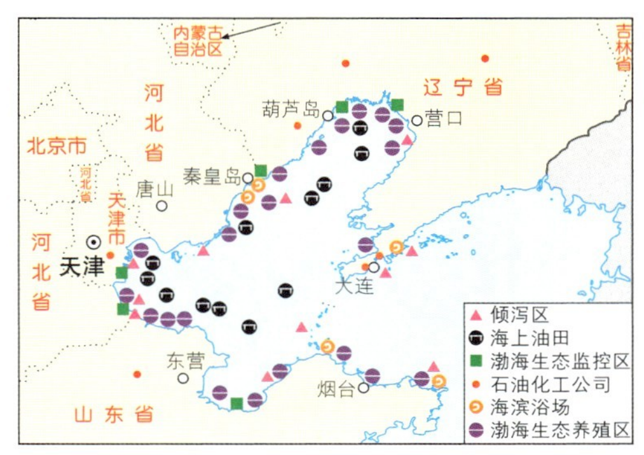

图4　渤海及附近地区油田、化工、渔业、浴场分布图①

① 改自东方早报张泽红制图

三 海上溢油事件的危害分析

1. 海上溢油对海洋生物的影响

首先，石油本身作为一种重要的有机污染物，其所含的多环芳烃成分具有很强的致癌性和毒性，并且在环境中难以降解。高浓度的石油会使幼鱼及鱼卵在短时间内中毒死亡，当每1升海水中含油量达到0.1毫克时，就会对水生生物及鱼类产生有害影响[16]。而低浓度的石油虽然不能直接导致鱼类死亡，但可以在鱼类体内持续积累并产生慢性毒理效应，对鱼类的繁殖和发育造成干扰。

有研究表明，2011—2018年，墨西哥湾石油泄漏区域鱼体内萘的浓度是未污染区域的几百倍至上千倍[17]。另外，当石油泄漏发生以后，会在海面上形成油膜，从而阻碍海气交换，造成下层海水氧含量降低；同时，石油及天然气的微生物降解过程中会通过有氧氧化作用消耗大量氧气，进一步减少水体中的溶解氧，而水中溶解氧的急剧下降会导致好氧生物和鱼类窒息并最终因缺氧而大量死亡（图5）。为促进石油的降解，一般会向污染水域添加分散剂，而分散剂等化学物质的使用同时也会降低水质、增加毒性，造成对污染水域浮游生物和幼鱼的损害。

图 5　溢油引起水体缺氧，导致鱼类大量死亡①

① https：//www.nationalgeographic.com/science/article/100916-fish-kill-louisiana-gulf-oil-spill-dead-zone-science-environment，Christine Dell'Amore拍摄

渤海沿岸河口地带及浅水区域营养物质丰富，水质肥沃，饵料生物种类繁多，众多鱼类、虾、蟹、贝类在此繁殖、栖息、生长，是经济鱼（如小黄鱼、带鱼）、虾（如对虾、毛虾等）、蟹类（如梭子蟹等）的天然产卵及孵育场所。渤海中部深水区既是黄渤海经济鱼、虾、蟹类洄游的集散地，又是渤海地方性鱼、虾、蟹类的越冬场。但是近年来，受环境污染及过度捕捞等影响，渤海渔业资源日渐枯竭，鱼类品种明显减少，而漏油事件的发生将会导致渤海海域大面积遭受污染，各种海产品将面临严重威胁，从而对渤海本已短缺的渔业资源再次产生巨大冲击（图6）。

图 6　渔民打捞受溢油污染而死亡的鱼类[18]

对于鸟类来说，石油污染也是致命的。鸟类在接触油膜后，羽毛被厚厚的油污覆盖，增加自身重量，深陷油污难以起飞觅食（图7）。同时石油会作为有机溶剂破坏羽毛的结构，导致鸟类的羽毛失去防水、保温等能力。有些鸟类还会因为误食油污对消化系统及内分泌系统造成损伤，影响繁殖能力，从而对种群产生消极影响。墨西哥湾溢油事件发生后，墨西哥湾北部超过30%的笑鸥死亡。随后几年内，笑鸥的数量减少了约60%，褐鹈鹕的数量减少了12%[16]。鸟类数量的锐减则会改变食物链，并打破生态平衡。另外，在事故发生几年以后，在墨西哥湾北部的潜鸟体内仍然能够检测到石油物质。

渤海沿岸湿地系统是鸟类的重要栖息地，是我国东部湿地水鸟的重要分布区，鸟类种类繁多，数量庞大，渤海地区已知水鸟150多种，占我国水鸟总种数的40%以上，其中包括很多珍稀濒危物种，如黑鹳、丹顶鹤、东方白鹳、白鹤等国家一级重点保护物种[19]。渤海湾是东亚鸟类迁徙路线的一个重要据点，每年春秋季节都有大批水鸟经过此地并作停留，而且在此越冬和繁殖的水鸟越来越多，据统计每年利用渤海湾的水鸟总数将超过100万只[20]。一旦发生溢油，沿岸湿地生态系统必然会受到破坏，鸟类赖以生存的家园将不复存在。

图 7　沾满油污的鸟类和海龟

（图片来源：左上图①；左下图②；右上图③；右下图④）

① http：//beforeitsnews.com/gulf-oil-spill/2013/04/cbs-oil-still-leaking-from-bp-gulf-of-mexico-spill-2441198.html

② https：//www.syracuse.com/news/2010/12/gulf-oil-spill-voted-top-news.html；Charlie Riedel拍摄

③ https：//www.smithsonianmag.com/science-nature/gulf-oil-spill-isnt-really-over-even-five-years-later-180955034/；Joel Sartore 拍摄

④ https：//www.nexusnewsfeed.com/article/food-cooking/protected-species-in-gulf-of-mexico-could-take-decades-to-recover-from-deepwater-horizon-oil-spill/；Blair Witherington拍摄

2. 海上溢油对海洋水体及海底生态系统的影响

溢油不只对大型生物产生影响，浮游生物群落结构也会发生明显改变，从而影响整个生态系统。作为初级和次级生产者，海洋浮游生物虽然个体微小，处于食物链的低端，但数量庞大并且分布广泛，对整个海洋生态系统起着巨大作用，同时也非常容易受到环境因素的影响。

研究表明，墨西哥湾溢油发生后，水体中甲烷氧化菌和石油降解菌快速繁殖，丰度迅速增加，表明这些微生物可以通过生物途径降解碳氢化合物[21]。微生物在降解石油和天然气的同时，会消耗大量氧气，氧气浓度的变化也会对微生物群落结构产生影响。一些浮游生物群体呈现出较高的抗油性，由于繁殖速率较快，可能会在较短时间内恢复，受溢油的负面影响相比大型生物来说可能会小一些。墨西哥湾水体较深，部分石油和天然气会滞留在1 000多米的深水中；而渤海深度较浅，溢油发生后大量石油会沉降到沉积物表面，从而影响底栖生态系统。例如，墨西哥湾海底有大量的冷水珊瑚礁，珊瑚礁是深海生态多样性的重要组成部分，溢油发生后，海底多处珊瑚被油污覆盖并最终死亡，另外一些污染程度较轻，但因深海环境生物代谢相对缓慢，需要很长时间才能完全恢复（图8）。对渤海而言，沉积的石油可能会导致大型底栖生物死亡，同时会诱导嗜油微生物的勃发，增加沉积物矿化速率，改变微生物群落结构及代谢方式。

图 8　溢油对海底珊瑚的影响[22]

石油泄漏后，周围水质会迅速恶化。以康菲公司渤海溢油为例，溢油发生两个多月内，累计造成大约6 000多平方千米海域的水质达到污染程度，870平方千米水体成为劣四类水质[23]。水质恶化必然引起浮游生物群落结构的改变，溢油所输出的多环芳烃等有毒物质不但会对浮游生物产生毒理作用，同时厚厚的油层还会影响浮游植物的光合作用和呼吸作用中的气体交换，降低海洋初级生产力，破坏食物链及生物多样性。

3. 海上溢油对沿岸湿地生态系统的影响

滨海湿地生态系统位于海陆交汇地带，生态功能独特，生物资源丰富，具有调节气候、净化水质、维持生物多样性、保护海岸等功能。作为我国北部沿海的黄金海岸，渤海地区是我国滨海湿地分布最集中的地理区域。该区域的湿地以黄河三角洲和辽河三角洲为主，总面积超过60万公顷，在区域环境保护、生态平衡和经济发展中起着至关重要的作用[24]。尽管如此，湿地生态系统相对脆弱，受人类活动影响显著。溢油到达海岸后，首先受影响的就是海草层、盐沼、滩涂等滨海生态系统。墨西哥湾溢油事件发生后，原油顺着河流侵入墨西哥湾北部内陆数百千米处的湿地和沼泽，部分水域的水质非常黏稠（图9和图10），而湿地沾染原油以后就像棉花浸了油污，难以清理。墨西哥湾北部滨海湿地生态系统受到严重破坏，盐沼植被大量死亡，沼泽动物群被石油覆盖，沉积物被严重污染，并导致沼泽植被覆盖率的降低和一些沼泽动物种群数量的减少。湿地系统虽然适应外界环境改变的能力强，有一定的自我修复能力，但其恢复能力也取决于植被类型和污染程度。有研究表明，互花米草的抗油能力和恢复能力较强，而灯芯草则对石油高度敏感，受溢油影响很大，溢油所到之处可能会对灯芯草造成永久性破坏。在一些污染较轻的区域，沿岸沼泽具有很强的自然恢复潜力和优异的弹性，沼泽植被可能会自然恢复而不需要密集修复[21]。石油浓度低的沼泽地区在一年内开始恢复。被大量石油覆盖的沼泽地区，可能需要10年或更长时间才能完全恢复，这其中所涉及的许多生态过程和效应需要在较长的时间尺度才能被充分量化。近年来，渤海滨海区域不断扩张的围填海活动导致湿地面积不断减少，植被退化，生物栖息地丧失，生物多样性减少。而湿地退化则会使近海失去屏障作用，浅海水域污染现象更加严重。国家层面非常重视渤海的环境问题，2018年，生态环境部、国家发展改革委、自然资源部联合公布《渤海综合治理攻坚战行动计划》，旨在通过陆源污染治理行动、海域污染治理行动、生态保护修复行动和环境风险防范行动等攻坚行动，进一步改善渤海海洋环境。2021年10月，习总书记在东营黄河口湿地考察，就深入推动黄河流域生态保护和高质量发展并发表重要讲话，并强调要大力推动生态环境保护治理并实施好环境污染综合治理工程。虽然渤海及周围湿地生态环境不断改善，大规模溢油事件的发生将会使之前所付出的努力毁于一旦，而渤海将会面临成为“死海”的危险。

图 9 被石油污染的贝类[①]

图 10 渔民清理油污[②]

① http：//www.haiyangqiangguo.cn/books-detail-332.html
② http：//tech.sina.com.cn/d/n/2018-01-15/doc-ifyqqieu6611416.shtml

4. 海上溢油对养殖业和旅游业等经济产业的影响

新鲜原油成分中含有很大部分更易溶于水的低沸点化合物，在重力等物理过程作用下慢慢向周围扩散，油层厚度逐渐变薄，在海面上形成油膜并逐渐展开。石油中一些易挥发组分会通过海气交换迅速扩散到大气中，对大气环境产生影响。漂浮于海面上的石油将受到乳化和风化作用，慢慢形成块状的黏性焦油，它们受到海流的作用开始扩散，从而增大了对海洋环境的破坏范围。

图11　被石油污染的湿地和沙滩

（图片来源：左图①；右图②）

渤海相对封闭，区域面积较小，溢油发生后会迅速扩散，并会在几天之内到达海岸线，从而对近岸水产养殖带来严重污染（图9）。渤海辽东湾、莱州湾、渤海湾等都是重要的水产养殖基地，山东、辽宁等周边省份都是养殖大省，海水养殖产业规模大，产量高，产值在当地经济中占有重要比例。近岸养殖的扇贝、海带、海参、鱼类受到污染后将会大量死亡，即使幸存也由于油污污染而无法食用。据报道，康菲溢油事件发生后，多地养殖池被石油严重污染，虾池变油池。河北乐亭县扇贝养殖户养殖的扇贝出现大面积死亡现象，死亡率超过50%，养殖户在海

① http：//archive.boston.com/bigpicture/2010/06/scenes-from-the-gulf-of-mexico.html Charlie Riedel拍摄

② https：//juliedermansky.photoshelter.com/image/I0000YAM7OdyWdRw Julie Dermansky拍摄

滩上发现黑色油块及带状油污，因此扇贝死亡可能与石油污染有关。该县养殖户大概有160多户，养殖面积共35万亩①，总共养殖扇贝达700万笼，溢油导致扇贝死亡的经济损失高达3亿元，养殖户损失惨重[25]。此外，乐亭和昌黎县是我国重要的扇贝出口基地，其出产的扇贝因品质好而受到国外客户的喜爱，扇贝死亡事件不仅导致无法保证当年出口定额，还会影响未来的出口及销量。与此同时，河北乐亭21名海参养殖户提出诉讼，表示因养殖过程中在未知溢油污染海水的情况下，将被油污污染的海水引入海参养殖池，导致海参大面积死亡，最终判决结果认定养殖海域确实受到此次溢油事故的污染并使养殖户遭受损失。这场灾难对于山东养殖户来说，同样损失惨重，长岛县养殖户养殖的扇贝死亡率增高，鱼类大面积死亡。长岛县砣矶岛等周围岛屿距离漏油平台较近，是受溢油污染最严重的区域之一。养殖户养殖的虾夷贝出现大面积死亡现象，死亡率在90%以上[26]。因当地虾夷贝的成长周期是2年，已成熟待收获加上2010年和2011年放养的虾夷贝同时大量死亡，导致渔民近3年的投入毫无所获。因为石油中有毒成分不但影响鱼类贝类的生长发育，还会降低其产卵率、孵化率以及早期生命阶段的存活率，而水质修复需要时间，在水质未完全恢复之前，渔民新的育苗无法投放。这不仅给靠海吃海、以养殖为生的渔民带来巨大的直接经济损失，也让他们短期内失去了收入来源。除此之外，养殖网箱受溢油污染后很难清洁，只有更换才能彻底消除污染，而该过程中所产生的人力、物力和财力对养殖户来说同样是不小的负担。另外，渤海一旦发生大规模溢油事件，如果不及时封堵，溢油可能会随着山东沿岸流波及黄海和苏北地区，从而对我国北方海产养殖业造成更大层面的严重损害。

沿海城市经济发达，多数为重要的旅游城市，旅游业在经济生产总值中占有重要地位。墨西哥湾沿岸的佛罗里达州旅游业的年收入高达600亿美元，每年的游客人数在8 000万左右，可带动100多万人的就业[7, 27]。溢油事件发生后，佛罗里达州以及其他州旅游业遭到沉重打击。佛罗里达州、密西西比州及路易斯安那州的旅馆和游船经营者等都收到了大部分游客取

① 1亩=666.67平方米

消预定的消息，占到订单总量的一半。

环渤海地区是我国经济增长的核心区之一，也是流动人口分布最为密集的地区之一，辽宁、山东、天津等沿海省市旅游产业较为发达。渤海油田溢油事故发生时，正处于沿海旅游季，由于社会大众对溢油所产生的影响不够了解，许多游客认为水产品质量和海边浴场的水质已经受到溢油影响，取消了到烟台及蓬莱等沿海市县旅游计划，一定程度上影响了旅游业的发展。2010年7月，大连市发生溢油事件，造成近海海域50平方千米的海面受到污染[28]。该事件发生时为旅游旺季，因此对大连市旅游业造成了一定的影响。据统计，国内旅游人数相比往年减少了约80万人，国内旅游收入也较正常趋势发展下减少了约16.9亿元[28]。

5. 海上溢油对人类健康及潜在社会问题的影响

与经济产业遭受的损失相比，对于普通民众来说，更重要的是漏油事件对身体健康的直接影响。石油中所含的多环芳烃及苯系物等具有很强的毒性和致癌性，并且在环境中有很长的持久性[29]。短期接触该类化学物质会引起记忆力降低、头晕、恶心、眼睛不适、呼吸困难、皮肤敏感等身体症状。清理墨西哥湾溢油的部分工作人员和沿岸居民，普遍出现了胸闷、恶心、头痛等症状。而长期暴露在石油污染的环境中，会严重影响人体的血液系统、泌尿系统、循环系统、神经系统、呼吸系统等，造成较高的癌症发病率。另外，海洋中分散的石油具有特殊的毒性效应，不仅对海洋生物产生急性或慢性毒性影响，还可以作用于食物链过程，最后有可能到达人体，严重危害人类的身体健康。

研究表明，墨西哥湾受石油污染的区域，多种鱼类体内有原油和多环芳烃残留，受到污染影响比较严重的鱼类，体内的原油污染物浓度增长了几百上千倍[9, 29]。与墨西哥湾相似，渤海周围人口稠密，海产品数量丰富，产量比较高，是当地人饮食习惯中非常重要的一部分，人类在食用受到石油污染的海产品时，该类有毒污染物会逐渐在人体内富集，从而对人体健康造成严重危害。

溢油事件除了能够对环境、生态、经济、健康等方面带来直接影响，还容易引发一系列潜在的社会问题。由于石油成分容易在食物链中传播和长时间积累，并最终影响消费者的健康。溢油事件发生后民众对食用海产品产生恐慌，从而引发公共食品安全危机。即使对于不受溢油影响的区域而言，担忧也同样存在。由于不断传播扩散关于溢油负面影响的传言，社会各界对山东周边海域的海产品抱有质疑态度，造成当地的海产品持续出现了价格降低、产品滞销的现象。对于水产品销售者及投资者而言，则会担心水产养殖市场因此而产生波动。事实上，溢油发生后，养殖业股票一度发生“跳水”现象。另外，渤海溢油事件发生在6月份，主管部门 7 月份才开始对溢油事件进行通报，发布信息相对滞后，在此期间并无官方信息发布，从而引发公众对环境知情权的讨论及对政府部门信任危机[26]。康菲石油公司在对外发布污染源封堵及实际污染面积时信息不实、避重就轻，引起公众极大关注及网络媒体的口诛笔伐，使其处于社会舆情的风口浪尖。而受溢油影响损失惨重的养殖户在取证、索赔及维权过程中，可能也会牵扯诸多社会问题[26]。渤海溢油事件的发生，也为环渤海地区的重化工行业布局调整吹响了号角。国家和政府充分认识到渤海生态系统的脆弱性及环保的重要性，并开始合理布局和调整环渤海重化工产业，严格控制海上油气勘探项目和陆上石化项目，推动化工企业远离饮水源、沿江沿河、居民区及生态敏感区[26]。

四 溢油事件对中国海上石油开发的启示

2010年的墨西哥湾溢油事件所造成的损失之巨大、后果之严重、影响之深远、教训之惨痛，在人类海上石油开发的历史上是史无前例的。2011年的渤海溢油事件，也再次为我国海上石油开采敲响了警钟。两起溢油事故前后相差一年多，都暴露出诸多关于开发管理、应急处置、环境保护等方面的问题。分析对比和客观总结两起溢油事件的起因、经过和结果，充分吸取和深刻借鉴其中的经验与教训，才能避免渤海大规模溢油事故和生态灾难的再次发生。为此，我们从不同角度总结了溢油事件对我国渤海石油开发的启示。

1. 政府部门应充分发挥管理监督作用

（1）提高海洋环境评估标准，排查海上溢油安全隐患

回顾墨西哥湾漏油事件，很大程度上是各种人为因素所导致的。从政府层面上来看，美国政府在发放海上油气钻探许可证之前，并没有对海洋环境进行准确合理的评估，忽视了深海油气项目的安全性，低估了原油泄漏的潜在风险；而且在宣布“解禁”墨西哥湾近海石油开采的同时，没有实施严格的监督管理措施，因此政府监管部门对于事故有不可推卸的管理责任[30]。同样，渤海溢油事件也折射出我国海洋油气资源开发存在缺少总体开发方案编制、审批、执行和监督的具体规范，没有完全落实油气田开发过程中的环境影响评价和环境保护审查制度，缺少对企业生产过程环境安全的监管等问题[31]。

政府作为责任监督主体，应加强总体规划工作，协调推进海洋油气资源与海洋环境保护，不断加大对油气开发安全工作的监督和指导力度。借鉴之前溢油事故的经验教训，强化事前预防和源头监管，调整相关政策，提高渤海石油环境评价标准，设立更加严格的审查制度，提供更加透明的监督管理制度。依据新的标准和制度，对渤海石油全部油井重新进行环境评估和审查，进一步加强环境风险源排查整治和溢油风险监控，找出薄弱环节，采取补救措施，彻底消除潜在安全隐患。结合经济损失、环境损害、生态效应及修复成本，组织权威部门及科研机构对渤海溢油风险开展科学、严谨的评估工作，根据油井数量、位置及状态变化，及时更新风险评估结果并体现动态变化，让政府、企业和民众充分认识到溢油带来的最大风险。

（2）提高海上溢油应急处置能力，提升部门统筹协调监管效能

墨西哥湾溢油事故发生以后，美国政府启动了包括国家、区域和地方的各级应急指挥系统，统一调动协调各部门对海上溢油进行封堵、清除与回收。尽管如此，由于对溢油规模判断不够准确，事先准备不够充分，事故发生80多天后溢油才得以停止。民调显示美国超过一半的民众认为政府对漏油事故反应相对迟缓，在事故处理过程中处置不当，并对处理方式感到不满。美国溢油应急管理机制相对完善，在应对大规模溢油时都造成重

大损失，如果类似规模的事件发生在我国可能会造成灾难性的后果。

2011年渤海溢油事件发生时，我国并没有完整的国家溢油应急指挥体系，溢油应急反应主要依靠交通部海事部门搜救中心、各省和市的海上搜救中心、国家海洋局、中海油等大型国企各自成立的海上溢油应急中心等执行，不同部门之间在应急反应中的职责和关系并不明确，而中国气象局、原农业部、财政部等一些重要相关部门也没有纳入整体的应急体系。2018年，为建立健全国家重大海上溢油应急处置工作程序，逐渐完善海上溢油应急管理机制，国家出台了重大海上溢油应急处置预案，由交通运输部、原环境保护部、原农业部、中国气象局、国家能源局、原国家海洋局、海军及大型国企等20多个部门和单位组成的国家重大海上溢油应急处置部际联席会议负责组织、指挥全国重大海上溢油应急处理工作。尽管如此，海上溢油情况复杂，涉及部门和程序众多，各部门还需加紧海上溢油应急监督管理能力建设，完善各级海上溢油应急预案，做好溢油应急物资的配置工作，充分利用各方应急资源，提升部门统筹协调效能，保证在重大溢油发生时政令畅通、反应迅速、分工明确、措施合理，第一时间有效处置事故，才能最大限度地降低溢油带来的危害和影响。

（3）完善海洋管理法律法规，加强科技支撑能力建设

海上油田从开发方案、环境评价、审查程序、安全管理、执法监督到溢油后的处罚与赔付，都需要健全的法律法规保障实施。面对复杂多变的突发情况，相关的法律法规更需要及时更新和完善。墨西哥湾溢油事件规模巨大，损失严重，现有法律对溢油事故的处罚方式（上限7 500万美元）和政府资助的石油泄漏责任信托基金提供补偿（10亿美元）显然无法满足赔付要求，美国及时提高赔偿上限并设立专项基金处理赔偿事项，并由英国石油公司支付200亿美元建立第三方赔付机构墨西哥湾石油泄漏赔付基金。目前，我国对海洋溢油的监管要求及处罚力度相对较低。因监测不足，频发的溢油事故不能得到及时确认，确认后对肇事者追责也滞后很多，反映出我国在环境污染损害赔偿方面的立法缺失以及体系的不完整。相比石油企业的巨大利润，无关痛痒的罚款让石油公司甘愿承担溢油带来的巨大风险。因此，逐步健全海洋环境管理立法，加大执法和处罚力度，才能更好地警醒企业不能过分追求经济利益而去铤而走险忽略违法的严重后果。

另外，无论是石油开采还是溢油事故处理，都离不开先进科技的支撑。政府还应加大科技投入，提高溢油监测预警能力，研发新型的应急物资和技术储备体系，加强海上溢油清除能力。我国对溢油所造成的生态效应研究较少，国家应设立专项科研基金，鼓励科学家对渤海溢油产生的生态影响进行长期跟踪，系统研究海洋生态修复机制，加强海洋资源及生态环境的基础性工作。

2. 石油企业应强化环境安全责任

（1）加强企业安全环保责任意识

大部分溢油事件的发生都是安全责任事故，企业是安全责任的主体。墨西哥湾溢油事件中，英国石油公司在管理方面存在重大失误，为节省成本，降低安全标准，增大了事故风险。在我国渤海溢油事件中，康菲石油公司违反总体开发方案，没有执行分层注水的开发要求，破坏了地层和断层的稳定性，造成断层开裂，并违背环境影响评价报告书的要求，降低了应急处理事故能力，从而导致重大海上溢油事故的发生[32]。安全是企业的立足之本，企业是安全的具体执行实体。尤其是海上石油开采，自然环境恶劣，技术难度高，生产条件复杂，产品属易燃易爆危化品，每个环节都可能存在潜在的安全隐患，从而也对企业的生产安全提出了新的挑战。而一点小的失误或操作不当，都有可能导致难以控制的生态灾难。因此，企业应充分认识到行业的特殊性和潜在的危险性，加强海洋环境保护的责任和意识，提高海洋环境保护能力建设，对生产的每一个步骤都严格把关，切实完善安全规章制度并严格执行，把安全生产落到实处。

（2）强化应对环境风险能力

海上石油开发面临诸多挑战，即使按照规范作业、重视安全环保方法，面对复杂多变的海洋系统，总会有新情况、新难题出现。因此，对于企业本身来说，不仅要建立安全环保风险预警机制，对可能发生的安全危机和事故进行提前判断，更需要提高应对突发事件和抵御环境风险的能力。建立重大安全事件的有效应对体系，做好污染事故的应急预案，储备和升级必要的应急物资和技术体系，提高漏油事故后的处理技术水平。一旦安全事故发生，能够在最短时间内解决和处理事故，利用一切关键措施，严格防止石油泄漏污染区域扩张，消灭污染海域的溢油污染，将石油泄漏突发污染事件对海洋环境的影响降到最低。

（3）提高开采和应急技术水平

美国有70—80年海上石油开采经验，钻探和开采技术相对成熟。然而，在溢油处理技术、特别是应对深海作业事故技术没有并行发展的情况下，美国政府就早早开放深海开采，也是墨西哥湾溢油事故的潜在原因之一。深海开采难度更大，挑战更多，也对企业的技术研发和装备建设提出了更高的要求。目前我国海上勘探开发技术与国际先进油气公司相比仍有差距，企业应通过科技创新，加大技术攻坚，力争在开采技术、设备研发、溢油清理、海洋环保技术、海上救援等一系列海上资源开采的配套技术上有所突破，推动海上石油开发能力建设。

3. 针对我国海上石油开发及海洋环境管理的对策

海上石油开发如同一把双刃剑，既创造了巨大经济价值，同时又面临重大的生态风险。作为受人类活动影响尤为显著的内海，渤海是传统及现代海洋开发活动的密集区域。渤海面积狭小，但目前已开发海上油田50多个，采油井2 000多口，同时有众多移动钻井船、工作船等服务船只，仅海上油气区排放的生活生产污水、钻屑等污染物都会对周围海洋环境产生较大影响，而溢油事件的频繁发生，更会严重破坏渤海海洋生态环境，进一步增加渤海综合治理的难度。鉴于渤海存在海上溢油事故的巨大风险，一旦发生将是国家可持续发展无法承受之重。因此，在海上石油开发管理和政策制定方面需要体现国家意志，具体可通过以下几个途径。

（1）从国家安全的战略高度认识重大溢油事故

墨西哥湾的溢油事故让我们看到，一旦渤海发生大规模石油污染，将造成重大的生态灾难，对我国环渤海地区的经济造成严重破坏，给国家发展带来难以估量的巨大损失。因此，重大溢油事件不仅仅是经济活动中带来的环境问题，而是涉及国家经济安全和国家生态安全，影响国家战略布局。国家有关部门和企业应高度重视，从国家战略高度和国家长远利益出发看待溢油灾难的威胁，体现维护国家安全和经济发展的意志和决心，对溢油事故严防死守，坚决保障石油开采作业的安全。

（2）改变能源结构，大力发展深海开采技术

石油资源短缺是各国开发利用海上油气资源的根本原因，国家应积极鼓励发展光能、风能、氢能等可替代能源，建立合理的能源政策与产业结构，摆脱对石油资源的过度依赖，逐渐减少渤海石油开采量，实现社会经济的可持续发展。另外，国家应通过科学评估设置海洋生态保护红线，提高准入门槛，严格控制海上油气开发项目；同时鼓励科技创新和技术革命，引导企业大力发展深海开采技术，逐步推动海上油田远离近海、浅海。

（3）完善海洋生态损害补偿制度、评估标准及相关立法

目前，我国海洋生态补偿机制并不完善，一旦发生大规模溢油事故，很难对涉事企业及时追责。国家应制定全面的溢油损害评估标准，以生态分区为基础，对溢油造成的环境损害、生态损害、渔业资源损害、渔业养殖损害、沿海工农业损害、旅游业损害等给出具体的定量评估标准。依据溢油损害评估标准，逐步完善生态损害评估及赔偿的法律法规，切实保障溢油事故发生后的损失赔偿和环境修复。根据风险评估结果实行环境保证金制度，以政府名义设立并对企业征收溢油损害赔偿基金，并在溢油事故发生后根据泄漏规模提高相应损害赔偿基金额度。

（4）推动渤海区域性立法，保护渤海海洋环境

由于渤海的封闭性特点，其生态系统较为脆弱，环境承载能力和生态修复能力相对较低。因此，渤海在我国各个海域中具有特殊性。尽管国家对渤海非常重视并已出台相应的保护政策，但是，为实现对渤海生态环境最大限度的保护，应积极推动渤海区域性立法，对渤海采取更为严格的保障政策和法规，以满足渤海区域经济及生态环境可持续发展的需要。

（5）长远考虑渤海油田关闭的可能性

渤海油田在解决我国石油短缺和促进经济发展过程中发挥了重要作用，是稳定国家石油供给、保障经济安全的重要因素。目前，渤海海上石油年产量约3 000万吨，占我国每年石油进口量的二十分之一。长远来看，在保障国家能源供给的条件下，条件成熟时，应逐步考虑关闭渤海海上油田的可能性，彻底消除溢油隐患，从而保留良好的生存环境。油田关闭是一种保护性措施，可以留待今后采油技术更先进、安全保障条件更优越、

溢油风险大幅度降低时再去开采油田。

绿水青山就是金山银山。深刻领会习近平总书记的生态文明思想，正确理解海上油气资源开发与海洋环境保护的辩证关系，合理有序地开发和利用海洋资源，最大限度地保护海洋生态环境，才能实现经济社会和海洋以及人与自然的可持续发展。

引文索引

[1] 人民网. 年产原油3013.2万吨 渤海油田建成我国第一大原油生产基地[EB/OL].（2022-01-09）[2022-02-28]. http：//www.people.com.cn/.

[2] Colwell R R. Foreword to the GoMRI Special Issue[J]. Oceanography，2016，29（3）：24-25.

[3] Mcnutt，M K，et al. Review of Flow Rate Estimates of the Deepwater Horizon Oil Spill[J]. Proceedings of the National Academy of Sciences of the United States of America，2012，109（50）：20260-20267.

[4] Rabalais N N，Turner R E. Effects of the Deepwater Horizon oil Spill on Coastal Marshes and Associated Organisms[J]. Oceanography，2016，29（3）：150-159.

[5] Hazen T C，Dubinsky E A，Desantis T Z，et al. Deep-Sea Oil Plume Enriches Indigenous Oil-Degrading Bacteria[J]. Science，2010，330（6001）：204-208.

[6] Haney J C，Short J W，et al. Bird Mortality from the Deepwater Horizon oil Spill. I. Exposure Probability in the Offshore Gulf of Mexico[J]. Marine Ecology Progress Series，2014，513：225-237.

[7] 赵召. 墨西哥湾漏油事件：前所未有的生态灾难[J]. 生命世界，2010（7）：38-43.

[8] 莫知. 墨西哥湾的生态“杯具”[J]. 海洋世界，2010，（7）：18-22.

[9] Kujawinski E B，Reddy C M，Rodgers R P，et al. The First Decade of Scientific Insights from the Deepwater Horizon Oil Release[J]. Nature Reviews Earth & Environment，2020，1：237-250.

[10] 王棠. 海洋石油污染：正在蔓延的生态灾害[J]. 生命与灾害，2011，（10）：8-9.

[11] Passow U，Hetland R D. What Happened to all of the Oil？[J]. Oceanography，

2016，29（3）：88-95.

［12］周华. 渤海典型海域沉积物油指纹特征研究[D/OL]. 青岛：中国海洋大学，2012.

［13］国家海洋局. 蓬莱19-3油田溢油事故联合调查组关于事故调查处理报告［R/OL］.（2012-06-21）[2022-02-28]. http：//www.mnr.gov.cn/dt/hy 201206/t20120626 -2329986.html.

［14］国家海洋局海洋发展战略研究课题组. 中国海洋发展报告. 2012[M]. 北京：海洋出版社，2012.

［15］宋朋远. 渤海油田溢油扩散与漂移的数值模拟研究[D/OL]. 青岛：中国海洋大学，2013.

［16］董文婉，王彦昌，吴军涛. 墨西哥湾溢油事件生态影响分析[J]. 油气田环境保护，2020，30（6）：47-50，69.

［17］Pulsrer E L，Gracia A，Armenteros M，et al. A First Comprehensive Baseline of Hydrocarbon Pollution in Gulf of Mexico fishes[J]. Scientific Reports，2020，10（1）：6437.

［18］孙云飞. 我国海洋溢油灾害应急管理机制研究——以2011年渤海康菲溢油事件为例[D/OL]. 青岛：中国海洋大学，2014.

［19］于姬，卜祥龙，刘玉安，等. 辽宁滨海（环渤海）湿地鸟类多样性调查与研究[J]. 海洋环境科学，2021，40（6）：955-964.

［20］张正旺. 渤海湾湿地的水鸟[J]. 大自然，2007（4）：26-29.

［21］包木太，皮永蕊，孙培艳，等. 墨西哥湾“深水地平线”溢油事故处理研究进展[J]. 中国海洋大学学报（自然科学版），2015，（1）：55-62.

［22］Charles F，Paul M，Tracey S. How did the Deepwater Horizon Oil Spill Impact Deep-Sea Ecosystems？[J]. Oceanography，2016，29（3）：182-195.

［23］王翠敏. 论中国溢油污染索赔机制的完善——从索赔康菲案展开[J]. 中国人口. 资源与环境，2013，23（2）：102-107.

［24］魏帆，韩广轩，张金萍，等. 1985—2015年围填海活动影响下的环渤海滨海湿地演变特征[J]. 生态学杂志，2018，37（5）：1527-1537.

［25］王若一. 海洋污染，渔民伤不起[J]. 农经，2011，（8）：44-45.

［26］陈涛. 渤海溢油事件的社会影响研究[J]. 中国海洋社会学研究，2014，（1）：110-123.

［27］崔凤，张双双. 海洋开发与环境风险——美国墨西哥湾溢油事件评析[J]. 中国海洋大学学报（社会科学版），2011，（5）：6-10.

［28］吴卫红，王津，张爱美. 溢油事故对沿海城市旅游业影响的研究——以2010年大连新港“7·16”溢油事故为例[J]. 生态经济（学术版），2012，（2）：183-186，205.

［29］Allan S E，Smith B W，Anderson K A. Impact of the Deepwater Horizon Oil Spill on Bioavailable Polycyclic Aromatic Hydrocarbons in Gulf of Mexico Coastal Waters[J]. Environmental Science & Technology，2012，46（4）：2033-2039.

［30］杨玉峰，苗韧，安琪等. 墨西哥湾漏油事件因果分析及对我国的启示和建议[J]. 中国能源，2010，32（8）：13-17.

［31］中国环境与发展国际合作委员会专题政策研究报告. 以渤海溢油为案例的中国海洋环境管理机制研究［R/OL］.（2012-12-12）[2022-02-28]. http：//www.cciced.net/ zcyj/yjbg/zcyjbg/2012/201607/P020160708397113082290.pdf

［32］国家海洋局. 蓬莱19-3油田溢油事故联合调查组公布事故原因调查结论[EB/OL].（2012-06-26）[2022-02-28]. http：//www.mnr.gov.cn/dt/hy/201206/ t20120626-2329986.html

董氏中心项目和研究报告征集要点

董氏中心面向全社会征集立项建议和研究报告。如果准备在某个可持续发展领域于董氏中心申请立项，可登录董氏中心网站，下载立项建议表，提交立项建议，经专家论证通过后予以立项。如果作者已完成与海洋可持续发展有关的研究报告，符合《护海实策》的征稿要求，可以直接投稿。项目立项申请人和研究报告作者可登录董氏中心网站，查阅《董氏国际海洋可持续发展研究中心项目管理办法》。如有不明确的问题可直接咨询董氏中心，联系方式如下。

官方网站：董氏国际海洋可持续发展研究中心

官方网址：http://tircsod.ouc.edu.cn

联系电话：13780632501/18851750872

联系邮箱：liangshuchen@ouc.edu.cn

联系微信：18851750872

官方微信：董氏国际海洋可持续发展研究中心